옮긴이: 안세라

캘리포니아 UCLA에서 미디어아트&디자인을 전공하였다. 이화여자대학교 대학원 디지털미디어학과에서 석사 학위를 취득하였다. 상업용 부동산/도시 전문 미디어 SPI에서 디지털 마케터로 활동하고 있다. 기후위기와 환경보호, 그리고 세상을 이롭게 하는 디자인에 관심이 있다.

차밍시티
우리가 사는
도시 시리즈

차밍시티는 매력적인 도시를 만들기 위한 방법론이 담긴 책들을 출간합니다.

이번 책

아이디얼 시티
: 이상적인 도시를 찾아서

#지속가능한 도시

지속가능한 도시 분야 연구로 세계적 명성을 지닌 스페이스10에서 기획한 책입니다. 전 세계적으로 도시화가 심화되고 있습니다. 오늘날 도시는 많은 문제를 야기하고 있으며 인류의 지속가능성을 위협하고 있습니다. 하지만 슬기롭게 대처한다면 현재 인류가 직면한 여러 문제에 대한 해결책이 될 수도 있습니다. 우리가 사는 도시를 유토피아와 같은 이상적인 도시로 만들기 위한 담대한 여정을 담고 있습니다.

시리즈 키워드

#지속가능한 도시

UN 지속가능발전목표(UN SDGs) 11번인 지속가능한 도시와 커뮤니티를 추구합니다.

UN 지속가능발전목표(UN SDGs)란?
UN 지속가능발전목표(UN SDGs)는 전 세계의 지속가능발전을 실현하기 위해 유엔과 국제사회가 달성해 나가야 할 목표입니다.

11 SUSTAINABLE CITIES AND COMMUNITIES

#금융투자

매력적인 도시를 만들기 위해서는 선진화된 부동산 금융 투자가 필요합니다. 리츠, 펀드, 임팩트 투자, 핀테크 등을 다룹니다.

#IT기술

기술의 발전이 우리가 사는 도시를 더 나은 곳으로 만드는 데 기여할 거라 믿습니다. 도시와 IT 기술 간의 만남에 대해 고민합니다.

지난 책

LIFESTYLE & SPACE
: 사람들이 원하는
홈 라이프스타일의 현재와
미래 전망
`#지속가능한 도시`

홈코노미에 소비가 집중되고 있습니다. 국내 홈퍼니싱 시장은 어떻게 성장해 왔을까요?
'집'과 '홈퍼니싱'에 대한 소비자의 니즈, 그리고 홈퍼니싱 콘텐츠의 성장에 대해 설명합니다.
홈퍼니싱 브랜드가 하나의 라이프스타일로 소비되기 위해 어떤 전략이 필요할까요?
소비자에게 그 상징성을 인정받는 해외 홈퍼니싱&라이프스타일 브랜드를 들여다보고, 그들이
운영하는 공간은 어떤 차이를 만들어내는지를 살펴봅니다.

새로운 금융이 온다
: 핀테크, 가상자산, 인공지능이
바꿀 디지털 금융
`#금융투자` `#IT기술`

모든 산업이 디지털화되어 가고 있으며 금융 산업에서도 커다란 변화가 일어나고 있습니다.
이 책은 핀테크, 가상자산, 인공지능이 주도할 디지털 금융에 대해 설명합니다.

바이오필릭 디자인
: 당신의 공간에 자연 가져오기
`#지속가능한 도시`

'인간은 본성적으로 자연 환경 가운데에 있을 때 건강하고 행복하다'는 바이오필리아 이론을
기반으로, 사람이 머무르는 일상의 공간인 집과 오피스에 자연을 가져오는 디자인 방법론을
소개합니다.

뉴스케이프
: 콘텐츠로 만들어가는 오프라인
공간 비즈니스의 새로운 모습
`#지속가능한 도시`

오프라인 공간은 자신만의 콘텐츠를 담아 '특별한 경험'에 대한 고객의 기대를 충족시켜주어야
합니다. 콘텐츠로 고객의 시간을 채우고 소비를 이끌어 내는 방법을 담고 있습니다.

부동산 디벨로퍼의 사고법
: 도시를 만들어 가는 사람들의
이야기
`#지속가능한 도시`

우리가 사는 도시를 기획하는 부동산 디벨로퍼가 어떠한 일을 수행하는지 설명합니다.
디벨로퍼는 다양한 이해관계를 조율하며 도시, 커뮤니티, 이웃의 미래를 상상하고 만들어 가는
기업가입니다.

소프트 시티
: 사람을 위한 일상의 밀도,
다양성, 근접성
`#지속가능한 도시`

사람을 위한 건축 및 도시계획으로 세계적 명성을 지닌 겔 아키텍트에서 기획한 책입니다.
고밀도-중층 구조의 이웃환경에 공간적 다양성을 가져와 소프트한 도시환경을 만들 것을
제안합니다.

지난 책

바이오필릭 시티
: 자연과 인간이 공존하는
지속가능한 도시

`#지속가능한 도시`

'인간은 본성적으로 자연 환경 가운데에 있을 때 건강하고 행복하다'는 바이오필리아 이론을 기반으로, 도시 내 다양한 생명체 자연, 인간이 공존하는 지속가능한 도시계획 모델을 담고 있습니다.

싱가포르의 기적
: 아시아 부동산 금융의 중심지

`#지속가능한 도시`   `#금융투자`

독립 후 반세기 만에 가난한 항구 도시에서 '아시아에서 가장 발전된 부동산 금융 시장을 갖춘 선진화된 도시 국가'로 성장한 싱가포르의 기적 같은 이야기를 담고 있습니다.

아이디얼 시티

이상적인 도시를 찾아서   **SPACE10**   gestalten   촬밍시티

목차

4 머리말: 이상적인 도시 설계하기

6 개요: 우리는 어떤 도시에 살고 싶은가?

12 자원이 풍부한 도시

14 에세이: 에너지, 물, 그리고 식량 생산의 재활용

18 프로필: 비야케 잉겔스 그룹

26 프로필: 마이클 그린 아키텍쳐

34 스쿤스킵; 스페이스 앤 매터

38 기후 타일; 트리디예 나투르

40 번힐 2 에너지 센터; 컬리넌 스튜디오

42 마리나 원의 그린 하트; 구스타프슨 포터+보먼

48 프라이부르크 시청; 인겐호벤 아키텍츠

54 아바사라 아카데미; 케이스 디자인

60 KMC 기업 사무실; RMA 아키텍츠

64 테스트 키친; 스페이스10

66 접근성이 좋은 도시

68 에세이: 아직 소외된 많은 사람들을 포함해서

72 프로필: 어반 싱크 탱크

80 프로필: 야스민 라리

86 아판 주택 연구소; MOS

88 스타터 홈*; 조너선 테이트 건축회사(OJT)

90 예루살렘 구시가지; 이스트 예루살렘 개발 회사

92 히크마: 종교와 세속의 복합건물; 아틀리에 마소미 + 스튜디오 차하르

98 다와르 엘 에즈바 문화센터; 아마드 호삼 사판

102 솔라빌; 스페이스10 + 테오 삭스 + 안데르스 뇨트베이트

104 공유하는 도시

106 에세이: 공유할 수 없는 것은 별로 없다

110 프로필: 로빈 체이스

116 프로필: 나루세 이노쿠마 건축회사

124 마이크로도서관 와락 카유; 샤우 인도네시아

128 캐피톨 힐 어반 코하우징; 스케마타 워크숍

132 뉴 그라운드 코하우징; 폴러드 토머스 에드워즈

136 3세대 주택; 베타

142 트램퍼리 온 더 갠트리; 호킨스\브라운

146 미시간 도시 농업 재단; MUFI

150 벌집; 스페이스10 + 바켄&백 + 타니타 클라인

152 안전한 도시

154 에세이: 사회 계약의 핵심

158 프로필: 콴린 던 커뮤니티 보안관

164 프로필: 시프라 나랑 수리

170 할덴 교도소; HLM 아키텍투르 + ERIK 아키텍테르

174 릴라이 보호형 공공 좌석; 조 두셋 x 파트너스

176 도쿄 화장실; 일본 재단

178 게스키오 결핵 병원; 매스 디자인 그룹

182 쿤리 우수 공원; 투렌스케이프

186 도시 농업 사무실; VTN아키텍츠

188 샤먼 자전거 고가도로; 디싱+베이틀링

190 타피스 루즈; EVA 스튜디오

194 바퀴 위의 공간; 스페이스10 + 폼 스튜디오

196 살고 싶은 도시

198 에세이: 함께하는 기쁨과 보는 즐거움

202 프로필: 겔 아키텍츠

208 프로필: 셀가스카노

218 서울로 7017 스카이가든; MVRDV

222 변형된 소셜 벤치; 예페 하인

224 파킹 하우스 + 콘디타게트 류더스; 야야 아키텍츠

228 오데나의 플라자 마요르; SCOB 아키텍쳐 앤 랜드스케이프

230 지역 시장; 아틀리에 마소미

234 쿨 쿨 시사이드; 아틀리에 렛츠

236 해피 스트리트; 잉카 일로리 스튜디오

238 세계에서 가장 큰 자전거 주차장; 엑토르 호그스타드 아키텍튼

244 서부 항구; 말뫼시

248 어반 빌리지 프로젝트; 스페이스10 + 이펙트 아키텍츠

252 마치며: 끝마치는 말

254 색인

이상적인 도시 설계하기

유토피아는 현실에서는 존재할 수 없을 정도로 완벽한, 문학적으로 탄생한 장소입니다. 하지만 그것이 바로 우리가 추구해야 할 것이죠. 물론 한순간에 유토피아를 실현할 수는 없습니다. 하지만 건물이나 도시 공간 설계 요청을 받을 때마다 이를 위하여 할 수 있는 것은, 세상의 작은 조각들을 우리가 바라는 세상처럼 만드는 것이에요.

─비야케 잉겔스 *Bjarke Ingels*, 건축가

우리는 어떤 도시에 살고 싶은가?

매주 150만 명의 사람들은 더 나은 삶과 기회를 찾아 전 세계의 다른 도시들로 이동한다. 따라서 인류를 위해 어떤 집을 만들고 싶은가?라는 질문은 그 어느 때보다 시급하다.

우리는 갈림길에 서 있다. 기후 변화의 가속화, 불평등의 증가, 저렴한 집에 대한 접근성 부족, 그리고 평등한 기회의 부족함에 직면해 있다. 지금 우리는 모든 인간의 요구를 충족시키지 못하고 있는 동시에 지구의 유한한 자원을 남용하고 있다.

우리는 지금처럼 계속 갈 수도 있고, 아니면 새로운 방법을 모색할 수도 있다. 이 책은 이러한 방법을 찾는 것을 목표로 한다.

도시는 문제의 중심에 있으면서 동시에 그 해결의 중심에 있기도 하다. 현재 우리에게는 더 많은 사람에게 좋은 도시가 될 수 있도록 재구상하고, 적용하고, 설계할 수 있는 전례 없는 기회가 있다. 더욱 환경친화적이고 건강하고 지속 가능하고 포용적이고 안전한 도시로서 말이다. 삶의 질을 높이는 도시는 더불어 사는 만족스러운 삶을 보장하고, 다양한 사람들에게 더 많은 기회를 제공하며, 커뮤니티, 창의성, 공유를 활성화하는 도시이자 기후 위기를 정면으로 맞서는 것과 동시에 탄력적이고 경제적으로 생산적인 도시이다.

서울로7017 스카이 가든, MVRDV

그렇다면 우리는 앞으로 어떻게 해야 할까? 이것이 이 책에서 우리가 탐구해야 할 질문이다.

전 세계 도시의 증가하는 인구를 수용하기 위해서 수십 년 내에 도시의 크기를 약 두 배로 늘려야 한다. 이는 향후 30년 동안 2개월에 한 번꼴로 파리 크기의 도시를 만드는 것과 같다. 따라서 우리는 이를 올바르게 진행해야 한다.

아이디얼 시티*The Ideal City*는 우리에게 다음과 같은 질문을 던진다. 우리와 우리 다음 세대는 어떤 도시에서 살기 바라는가? 좋은 삶을 위해 무엇이 중요하다고 생각하는가? 그리고 우리 모두에게 좋은 집은 무엇일까?

도시를 위한 우리의 비전

이 책은 지구의 한정된 자원을 남용하지 않고 많은 사람들의 요구를 수용하고자 하는 진보적인 도시로서의 발걸음을 보여주는 전 세계의 다양한 프로젝트들을 모아놓았다. 스페이스 10*SPACE10*에서는 우리보다 더 똑똑한 사람들과 함께하며 배운다. 이것이 바로 우리가 아이디얼 시티*The Ideal City*에서 추구하는 접근 방식이다.

이 책에서는 건축가, 디자이너, 연구원, 기업가, 도시계획가,

팩토리아 호벤*Factoria Joven*, 셀가스카노*SelgasCano*

공동체 지도자들로부터 건강한 인류 및 지구를 지지하는 도시를 만드는 방법에 대한 통찰력을 얻으며 30개국 53개 도시를 여행한다. 이 책은 지역사회 주도의 소규모 활동에서부터 도시 전체의 기본 계획에 이르기까지 야심 찬 프로젝트와 계획을 소개한다. 이 책은 베트남의 도시 농업 계획과 중국의 세계 최장 고가 자전거 도로, 일본의 안전한 공중화장실을 위한 새로운 접근법, 카이로 최대의 비공식 정착지 중 한 곳의 공동체 부엌을 방문한다. 이 책은 살기 좋은 도시 운동의 창시자이자 도시 디자이너 얀 겔*Jan Gehl*, 건축가 비야케 잉겔스*Bjarke Ingels*와 마이클 그린*Michael Green*, 기업가 로빈 체이스*Robin Chase*, 그리고 유엔 도시 실천 부문*the Urban Practices Branch of the United Nations*의 책임자인 시프라 나랑 수리*Shipra Narang Suri* 박사와 이야기를 나눈다.

도쿄 화장실, 일본 재단*The Nippon Foundation*

암스테르담의 수상 커뮤니티와 런던의 대체 식량원, 멕시코의 저가 주택, 노르웨이의 감옥 등에 이르기까지, 아이디얼 시티*The Ideal City*를 위해 우리가 선택한 프로젝트들은 우리 도시의 미래에 대한 보다 양심적인 사고방식의 본보기가 된다. 각각의 다양한 사례는 도시 디자인에 대한 공통된 가치관을 제시한다. 긴급한 문제에 대한 창의적이고 유쾌하고 낙천적인 해결책을 제공한다. 모든 상황을 아름답고 환영받는 도시 공간을 만드는 기회로 활용한다. 그리고 함께 인간의 요구와 지구의 요구 간의 균형을 맞추는 방법에 대한 비전을 만든다.

다와르 엘 에즈바 문화 센터*Dawar El Ezba Cultural Center*, 아마드 호삼 사판*Ahmed Hossam Saafan*

희망찬 미래를 위한 선언문

세계는 기후 비상사태를 배경으로 극심한 기상 현상, 전염병, 천연자원 고갈부터 정치적 및 인구학적 변화, 불평등 증가, 경제적 불확실성에 이르기까지 여러 복잡한 과제에 직면해 있다. 전 세계 도시들은 이런 과제에 반드시 적응하고 대응해야 하며, 빠르게 증가하는 도시 인구를 위해 저렴한 주택, 의료, 교육 및 안전을 제공해야 한다. 그들은 또한 환경오염과 교통 문제를 해결하고, 사회적 포용력을 기르고, 지역 간의 고령 및 젊은 인구 구성 차이에 대처하는 동시에 쓰레기 수거를 보장해야 한다.

이 책은 미래 도시에 대하여 중요하다고 생각하는

KMC 코퍼레이트 오피스*KMC Corporate Office*, RMA 아키텍츠*RMA Architects*

요소, 가치, 목적에 대하여 고민한다. 우리는 모든 도시의 발전을 이끌 다섯 가지 원칙이 있다고 믿으며, 이 원칙들은 낙관적인 성향을 지니고 있다.

이 책에서 우리는 모든 인간이 공동체, 안전, 포용, 감탄에 대한 유사한 본질적 필요를 가지고 있다는 것을 기억하면서 사람과 지구에 초점을 맞춘 다양성과 혁신을 기리는 접근법을 주장한다.

아이디얼 시티 The Ideal City는 이 다섯 가지 원칙을 각각 탐구한다. 각각의 원칙을 이상적인 도시를 위한 레시피의 재료라고 생각해보자.

쿨 쿨 시사이드 Cool Cool Seaside,
아틀리에 렛츠 Atelier Let's

1. 자원이 풍부한 도시

자원이 풍부한 도시는 생태학적으로나 경제적으로 지속 가능하다. 이것은 인간뿐만 아니라 지구상의 다른 지각이 있는 존재들에게도 반가운 것이다. 자원이 풍부한 도시는 순환 원리인 물, 영양, 재료와 에너지의 순환을 우선시하며, 지속 가능하도록 건설하고 폐기물을 자원으로 사용한다.

2. 접근성이 좋은 도시

접근성이 좋은 도시는 나이, 능력, 종교, 재정적 안정, 인종, 성적 지향, 성 정체성, 정치적 관점과 관계없이 다양성과 포용성, 평등이 확보되는 곳이다. 이는 도시의 편의시설, 고용, 의료, 교육, 서비스, 문화, 비즈니스, 레저, 유산, 스포츠, 자연에 공정하고 평등하게 접할 수 있도록 보장한다. 마지막으로, 정말로 접근성이 좋은 도시란 저렴한 주택과 주택을 소유하는 다양한 접근성, 투명한 관리 방식과 함께 포괄적인 의사결정을 제공하고 지역사회 참여와 권한 부여를 촉진한다.

스쿤스킵 Schoonschip,
스페이스&매터 Space&Matter

3. 공유하는 도시

공유하는 도시는 공동체 의식, 협동심, 그리고 더불어 사는 것에 대한 의식을 독려한다. 공공시설, 공공 공간, 공유 사무실, 공유 주거, 교통수단을 통해 사회적 상호작용이 일어나도록 한다. 또한, 기술 공유, 공유 이동 수단이나 유의미한 사회적 연결을 장려하는 계획과 같은 무형 자원이 모일 수 있도록 한다.

4. 안전한 도시

기후 변화, 극심한 기상 현상, 그리고 홍수에 대한

회복 탄력성은 안전한 도시를 위해 필수적이다. 범죄 예방과 재활을 중점으로 모두를 보호함으로써 안전감을 증진한다. 더 나아가, 안전한 도시는 음식, 물, 쉼터, 돌봄과 같은 자원을 제공하여 건강한 생활 환경을 보장하고, 의료 서비스와 친환경 공간을 통해 신체적 웰빙과 정신적 웰빙을 도모한다.

미시간 도시 농업 재단 Michigan Urban Farming Initiative (MUFI)

5. 살고 싶은 도시

살고 싶은 도시는 머물기 즐거운 도시다. 살고 싶은 도시는 휴먼 스케일로 설계되어 걸어서 15분 이내에 모든 것을 접할 수 있다. 또한 호기심, 감탄, 그리고 발견을 끌어내 인간의 즐거운 면을 북돋우는 도시이다. 이것은 문화, 예술 및 활동과 함께 휴식, 웰빙, 학습을 위한 매력적인 공공장소를 제공하여 활기찬 공동생활을 돕는다.

아바사라 아카데미 Avasara Academy, 케이스 디자인 Case Design

모든 것을 충족시킬 수 있는 것은 없다.

오늘날 우리의 가장 큰 과제는 지구상 모든 것들의 요구를 어떻게 충족시키는가에 있다. 즉, 지구의 생명 유지 시스템에 우리의 압력이 전체적으로 과도하지 않도록 하면서 누구도 삶의 본질에 부족함이 없도록 말이다. 따라서 도시의 변화 과정은 도시 디자인과 인프라에만 관한 것이 아니다. 그것은 모든 사회적 차원의 사고를 필요로 한다.

우리는 디자인과 건축이 모든 사회적 문제를 스스로 해결할 수 있다고 생각하지 않는다. 획일적인 도시에 대한 근대주의 신념의 시대는 지나간 지 오래다. 단 하나의 이상적인 도시는 존재하지 않는다. 아이디얼 시티 The Ideal City 는 다양한 사회, 지리적, 경제적 맥락에서 영감을 주는 사례들을 보여준다. 어떤 것은 커다란 건물들이고 또 어떤 것은 핸드폰의 앱처럼 작은 것들이기도 하다. 이것들을 결속시키는 것은 공유된 이상주의이지 공유된 형태가 아니다. 이 책의 각 프로젝트는 도시 디자인을 사회적인 문제에 대한 해결의 시작점으로 사용하고 창의적이고 재미있게 해결책을 만들어내며 더 나은 도시 미래를 위한 방법을 제안한다. 각각은 가치 중심적이면서 동시에 다음과 같은 질문을 던진다. 여러분은 도시에서 무엇을 중요하게 생각하나요? 이상적인 도시는 어떠하면 좋을까요?

지역 시장 Regional Market, 아틀리에 마소미 Atelier Masōmī

도시 마을 프로젝트 The Urban Village Project, 스페이스10 + 이펙트 아키텍츠 SPACE10 + EFFEKT Architects

이것은 단지 시작점일 뿐이다

도시 디자이너 얀 겔Jan Gehl은 "우리가 사는 지금은 기억되어야 할 시대입니다"라고 말했다. 그러나 문제가 있는 곳에는 변화의 기회가 있다. 우리는 우리가 직면한 문제들을 해결하기 위해 도시를 건설하고 적응하는 전례 없는 변화를 겪고 있다. 앞으로의 10년은 매우 중요할 것이다. 지금 우리가 내리는 결정이 수십억 명의 삶의 질을 결정할 것이다.

우리는 모든 해답을 알고 있지 않고, 오히려 호기심과 열린 마음으로 이 책을 집필하였다. 이것은 우리가 앞으로 수십 년을 향해 나아가면서 필요로 할 인간의 독창성의 카탈로그이다. 진정한 변화를 만들기 위해 도시는 시민, 의사 결정권자, 비영리 단체, 그리고 기업들이 서로에게서 배우고 협력할 필요가 있다. 우리는 여러분이 이 책에서 행동으로 옮길 영감을 얻길 바란다.

결국, 내일의 도시는 소수의 도시 디자이너들에 의해 형성되지 않을 것이다. 내일의 도시는 수십억 명의 일반 시민들에 의해 형성될 것이다.•

1 자원이 풍부한 도시

자원이 풍부한 도시는 생태학적으로나 경제적으로 지속 가능하다. 이것은 인간뿐만 아니라 지구상의 다른 지각이 있는 존재들에게도 반가운 것이다. 자원이 풍부한 도시는 순환 원리, 즉 물, 영양, 재료와 에너지의 순환을 우선시하며, 지속 가능하도록 건설하고 폐기물을 자원으로 사용한다.

**에너지, 물, 그리고 식량
생산의 재활용**

2005년에 엘렌 맥아더 *Ellen MacArthur*는 72일 만에 전 세계를 항해했다. 때론 그녀에게 가장 가까운 사람은 지구상이 아닌 수백 마일 위에 떠 있는 국제우주정거장에 있었다. 그녀는 자신이 가진 모든 것이 그녀가 가진 모든 것이라는 쓰라린 교훈을 얻었다.

엘렌 맥아더의 이야기는 지구에서의 우리 삶을 보여주는 강력한 예이다. 담수, 광물, 화석 원료와 같은 중요한 자원은 유한하다. 그런데도 우리는 마치 이것들이 영원한 것처럼 사용하고 있으며, 이는 인간의 생계와 경제, 식량 안보, 건강, 삶의 질이 포함된 생태계를 불안정하게 하고 있다.

단독 항해를 마친 후, 맥아더는 훨씬 더 야심 찬 임무에 착수했다. 그녀는 오늘날의 낡고 소비 지향적인 경제 모델인 "가지고, 만들고, 사용하고, 소모한다"를 순환 경제로 전환하는 데 속도를 내기 위하여 엘렌 맥아더 재단을 설립했다. 자연에서와 마찬가지로 순환 경제에서는 어떤 것도 낭비되지 않고 모든 영양분이 다시 생물권으로 돌아온다. 폐기물은 사용되고 사용된 모든 것들은 다시 재사용된다.

비야케 잉겔스 그룹 Bjarke Ingels Group(BIG)의 설립자인 비야케 잉겔스 Bjarke Ingels는 다음과 같이 말한다. "우리는 점점 더 도시를 하나의 유기체로써 생각해요. 도시를 통해 사람들의 흐름을 연결하는 것뿐만 아니라 자원의 흐름을 연결하기 때문입니다."

선구적인 프로젝트와 부족함 없는 새로운 기술 덕분에 순환 도시를 만드는 것이 오늘날처럼 실현 가능했던 적이 없었다. 자원이 풍부한 도시는 지속 가능한 삶이 일상생활에 매끄럽게 융합된다. 지역의 천연 자재로 건축한 건물, 어디에나 있는 식물과 나무, 그리고 직장, 가정, 식료품점, 의료 서비스가 모두 자전거로 갈 수 있는 거리에 있는 것처럼 말이다.

이상적인 도시는 더러운 에너지 (dirty energy: 환경오염을 일으키는 화석연료 같은 에너지 자원)나 전 세계 원자재 공급망에 의존하지 않는다. 대신 청정에너지를 수집하여 폐기물을 현지에서 생산 가능한 자원으로 변화시킨다.

글로벌 컨설팅 회사 액센츄어 Accenture는 순환 경제 모델을 채택할 시 이르면 2030년까지 4조 5천억 달러의 추가 경제 생산을 거둘 수 있을 것으로 추산하고 있다. 이상적인 도시는 건설, 생산, 소비의 환경적 영향을 획기적으로 줄이면서, 새로운 경력과 사업을 슬기롭게 창출한다. 그 결과, 오염과 혼잡을 줄이고, 공기와 수질을 개선하며, 우리의 삶의 질도 개선된다.

왼쪽: 마리나 원 Marina One의 그린 하트 Green Heart, 싱가포르 마리나 베이 Marina Bay의 구스타프슨 포터+보우만 Gustafson Porter + Bowman이 디자인.

오른쪽: 덴마크 기업 코베 Cobe가 설계한 덴마크의 전기 자동차용 초고속 충전소. 그들은 충전소가 주유소를 대체하길 바란다.

분해를 고려한 설계

자원이 풍부한 도시의 건물들은 레고 세트처럼 쉽게 조립, 분해, 재조립할 수 있도록 설계되었다. 이같은 모듈러 시스템에서는 건물이 제 기능을 상실하더라도 매립지로 전락하지 않는다. 허물어지는 대신 개조하고 용도를 변경할 수 있다. 또한, 분해를 고려한 설계는 건물의 수명 동안 부품과 자재를 수리하거나 교체할 수 있는 자재 순환이 이루어지도록 한다.

유연한 모듈식 설계의 장점은 사전에 제작하고 대량 생산이 가능하다는 점이다. 이는 건설 비용을 낮추고 보다 저렴한 주택의 시장 진입을 가능하게 한다. 설계도는 오픈 소스로 제공되어 전 세계 모든 지역의 모든 사람이 활용할 수 있다.

판야덴 국제학교 Panyaden International School의 대나무 스포츠 홀. 치앙마이 라이프 아키텍츠 Chiangmai Life Architects가 디자인

똑똑하게 재료를 사용하라

북미에서 목재 전용 건축업을 선도하고 있는 건축가 마이클 그린 Michael Green은 "자연에 의해 만들어진 자재만큼 효율적인 자재는 없다"라고 말한다.

과거로 돌아간 것처럼 들리겠지만, 나무와 대나무를 이용한 새로운 건설 기술은 오늘날의 건축 자재 중 가장 많이 쓰이는 철강과 콘크리트를 능가하는 효과를 보여준다. 철강과 콘크리트가 이산화탄소 배출과 오염을 일으키는 주요 원인인 데 반해 나무와 대나무는 이산화탄소를 포획하고 대기오염을 줄이며 과도한 폐기물을 만들지 않는다.

대나무는 벽돌이나 콘크리트보다 내구성이 뛰어나고 압축 강도가 높아 교체할 필요 없이 극한 조건에서도 견딜 수 있다. 베트남 건축가 보 트롱 니아 Vo Trong Nghia는 "대나무는 21세기의 녹색 강철입니다"라고 말한다. 저가 주택 프로젝트부터 고급 레스토랑에 이르기까지 어느 곳에나 활용했을 때 대나무가 월등히 아름답다는 것을 보 트롱 니아의 포트폴리오만 봐도 알 수 있다.

천연 자재들은 우리가 지구에 미치는 영향을 줄이는 것을 도울 뿐만 아니라 웰빙에 긍정적인 영향을 미친다. 천연 자재로 지어진 건물들은 사람들에게 더 나은 정신 건강을 보장한다는 연구 결과가 나와 있다.

에너지 자립성 강화하기

에너지 자립은 자원이 풍부한 도시의 궁극적인 목표다. 첫 번째 단계로, 향상된 단열재, 에너지 효율적인 조명 및 기기, 저수 장치 및 절수 장치, 반응형 난방, 환기 및 냉방 시스템과 같은 기성 솔루션은 어느 도시든지 더 많은 자원을 확보할 수 있도록 돕는다. 더 나아가, 이상적인 도시는 가정부터 사무실, 공장, 교통에 이르기까지 모든 것을 작동시키는 저렴하고, 신뢰할 수 있는 청정에너지를 자체적으로 생산한다.

커뮤니티 전체가 어떻게 이것들을 이미 완성했는지에 대한 많은 사례들이 있다. 네덜란드의 건축회사 스페이스 앤 매터 Space&Matter가 설계한 부유식 커뮤니티인 스쿤스킵 Schoonschip을 예로 들어보자. 이 공동체는 암스테르담의 많은 수로 중 하나에 지어진 집들로 구성되어 있다. 전기는 500개의 태양 전지판에서 나오는 반면, 30개의 양수기는 운하에서 열을 추출하여 집안을 따뜻하게 유지한다. 화장실과 샤워실에서 나온 폐기물은 처리되어 다시 에너지로 전환된다. 각 가정에는 여분의 에너지를 저장하기 위한 배터리가 장착되어 있다. 심지어 지붕 위에 음식을 직접 재배할 수 있는 공간도 마련돼 있다. 이 100명의 공동체는 완전히 자급자족하는 도시의 축소판이며, 지구의 자원에 대한 우리의 의존을 어떻게 재고할 수 있는지를 보여준다.

자연과의 공존

우리가 사람 중심의 도시에 관해 논할 순 있지만, 너구리가 자신의 집 쓰레기통을 뒤진 경험이 있는 사람이라면 도시가 수천 개의 종의 서식처라는 것을 알고 있다. 우리는 이상적인 도시에서 조화롭게 공존할 수 있는 방법을 찾았다.

자원이 풍부한 도시는 공원, 녹색 지붕, 그리고 녹색 벽과 같은 자연 서식지를 도시 구조로 다시 통합한다. 이것은 오염을 적극적으로 감소시킬 뿐만 아니라 인간과 다른 종들에게 더 편안한 환경을 만들어준다. 싱가포르의 밀집한 마리나 원*Marina One* 단지에는 구스타프슨 포터+보먼*Gustafson Porter + Bowman*이 설계한 다층 정원인 그린 하트*Green Heart*가 중심에 있다. 이 서식지에 있는 350종의 식물과 700여 그루의 나무는 도시의 무더운 열섬 효과를 막기 위해 자연통풍과 쾌적한 미기후를 조성한다.

이런 경우, 환경에 좋은 것이 사업적으로도 좋다. 미시간 대학의 한 연구는 21,500ft²*(2,000m²)*의 녹색 지붕을 전통적인 지붕과 비교한 결과, 녹색 지붕이 40년 이상 지속하면 에너지 비용을 200,000달러를 절약할 수 있을 것으로 결론지었다.

베트남 호찌민시의 VTN아키텍츠*VTN Architects*가 설계한 도시 농업 오피스 *The Urban Farming Office*

자족적 식량 생산 도시

현재 우리의 식량 생산 시스템은 비효율적이고 자원이 많이 소모되며 오염과 낭비가 많아 기후 변화의 큰 원인이 되고 있다. 이상적인 도시에서는 식량이 옥상, 커뮤니티 텃밭, 그리고 소규모의 지역 고효율 수경 재배 농장처럼 지역 어디에서나 생산된다. 이를 통해 밭보다 세 배 빠른 속도로 채소를 재배할 수 있으며, 물도 90% 적게 들고, 토양이나 햇빛도 필요하지 않으며, 전통적인 농업에 비해 훨씬 적은 공간이 필요하다. 또한, 훨씬 적은 양의 쓰레기를 배출한다.

호찌민시에서는 보*Vo*의 회사인 VTN아키텍츠*VTN Architects*가 설계한 도시 농업 오피스*the Urban Farming Office*가 이미 이것을 실행하고 있다. 이곳에서는 지역 식용 식물들이 건물 파사드를 따라 걸려 있어, 최소한의 에너지 소비로 안전한 먹거리와 편안한 환경을 제공한다.

나아가기 위해 돌아보기

생물 다양성, 순환성, 재생성은 패시브 디자인 그 이상의 것이다. 오히려, 이것들은 도시 생활의 질을 높이고, 삶과 생계를 보호하며, 증가하는 도시 인구를 수용할 수 있도록 보장하는 강력한 도구다.

진정으로 자력 있고, 자원에 대한 책임감이 있고, 자원이 풍부한 도시를 만들기 위해서는 과거를 돌아봄과 동시에 앞을 내다보는 것이 필요하다. 우리가 근대성을 향해 맹목적으로 질주하면서 포기한 환경 관행은 무엇이고, 우리 앞에 놓인 새로운 방법은 무엇일까? 원형*circle*은 당연히 시작도 끝도 없다. 우리는 절대 한 방향만 집중해서는 안 된다. •

비야케 잉겔스 그룹

Bjarke Ingels Group

18   자원이 풍부한 도시

덴마크 건축가 비야케 잉겔스*Bjarke Ingels*는 큰 꿈을 현실로 바꾼다. 그가 상상력, 기능, 풍요로움을 융합하여 진행한 전 세계 많은 프로젝트는 우리에게 지속 가능하게 사는 것이 큰 즐거움이 될 수 있다는 것을 보여준다.

오늘날 인류가 마주한 공동의 도전은 우리의 행동이 환경에 미치는 영향을 줄이는 것뿐만 아니라 도시 전체에 대하여 다시 한번 생각하는 것에 있다. 이러한 큰 그림을 그리는 대화에 익숙한 비야케 잉겔스는 "인간으로서, 우리는 우리가 살고 싶은 세상에 형태를 부여할 힘을 가지고 있습니다. 도시를 생각한다면, 우리가 바라는 세상처럼 만들어야 합니다"라고 말한다. 이 말에는 충분한 권위가 부여되는데, 그의 회사인 비야케 잉겔스 그룹Bjarke Ingels Group(BIG)의 기념비적인 성공을 고려할 때, 그들이 지난 20년 동안 완성한 수십 개의 프로젝트에서 증명된다.

잉겔스는 그의 가문의 이름으로, 그의 건축 설계 능력은 프랭크 게리Frank Gehry와 장 누벨Jean Nouvel과 같은 세계 최고의 사상가들과 함께 어깨를 나란히 하며, 지속 가능하고 사회학적인 발전에 대한 그의 열정과 헌신은 그를 독보적으로 만든다. "우리는 우리가 살고 싶은 삶을 위한 틀을 만들 뿐이다"라는 잉겔스의 주장은 오늘날 가장 인기 있는 건축가 중 한 사람의 경력에 대한 한 줄 요약인 셈이다.

BIG의 작업은 잉겔스의 낙관적인 사고방식과 재생적이고 순환적인 사유의 결과다. 잉겔스가 만든 개념인 쾌락주의적 지속 가능성 hedonistic sustainability은 환경에 대한 혜택뿐만 아니라 시민들의 삶의 질을 높이기 위해 지속가능성이 어떻게 전체적으로 그리고 재미있게 도시에 통합될 수 있는지에 대해 의문을 제기한다. 2003년에 BIG이 지은 코펜하겐의 하버 배스Harbour Bath가 이를 보여주는 초기 사례다. "이곳은 도시의 삶을 수변까지 확장시켜요. 만약 여러분이 정수나 지표수 배수 같은 자원에 투자한다면, 아주 빠르게 깨끗한 항구를 얻을 수 있죠. 이건 물고기들에게 좋을 뿐만 아니라, 그곳에서 수영하는 시민들에게도 멋진 일이에요"라고 잉겔스는 말한다.

"수상 마을floating village"인 어반 리거Urban Rigger는 태양열과 물을 에너지원으로 사용하는 효용성 높은 에너지 계획으로, 화물 컨테이너를 쌓아 만든 코펜하겐 항구에 떠 있는 학생 기숙사다.

또 다른 예는 코펜힐CopenHill로 더 잘 알려진 엄청난 폐기물 에너지화waste-to-energy 플랜트로, 랜드마크가 된 아마게르 자원센터 Amager Resource Center이다. 하이킹 길과 인공 스키 슬로프로 덮여 있는 이 거대한 형상은 코펜하겐의 평평한 풍경 위에 산 모양을 이룬다. "이곳은 지역난방과 전기를 생산하는 열병합 발전소로, 본질적으로 세계에서 가장 깨끗한 폐기물 에너지화 발전소에요. 우리는 이 거대한 시설의 건물 덩어리를 등반 벽과 스키 슬로프를 완비한 인공 산으로 만들었어요. 이 사회 기반시설(말 그대로 사회 기반시설의 일부)은 긍정적인 사회적 작용도 일으키도록 만들어져 있죠. 발전소가 해체되면 런던의 테이트 모던Tate Modern이 될 수도 있고, 기차선로가 해체되면 뉴욕의 하이라인Highline이 될 수도 있기 때문이에요"라고 잉겔스는 말한다.

이는 쉽게 이해할 수 있는 유사점을 만들어 내기 위한 잉겔스의 미사여구의 결정적인 부분이다. 왜 BIG의 작업이 건축 전문가가 아닌 사람들의 입맛에도 맞는지에 대한 주요한 이유이기도 하다. 이상적인 도시가 어떻게 자원을 사용하는지에 대해 묘사할 때, 잉겔스는 그의 실용적인 유토피아니즘의 개념을 내놓는다. "유토피아는 현실에서는 존재할 수 없을 정도로 완벽한, 문학적으로 탄생한 곳이에요. 하지만 그것이 바로 우리가 추구해야 할 거죠." 우리가 도시를 유기체로 생각할 필요가 있다고 잉겔스는 주장한다. 도시를 통해 사람들의 흐름을 전달하는 방식뿐만 아니라 자원의 흐름을 전달하는 방식도 생각해야 한다. 코펜힐은 그러한 개념의 좋은 예이다. "기술로 깨끗하게 만들어 폐기물 관리 시설이 실제로 나무로 가득 찬 산이 되고, 평평한 도시가 됐을 뻔한 곳에서 스키를 타는 사람들이 있는 도시가 얼마나 유토피아적으로 들리는지 생각해 보세요. 마치 유토피아의 정의처럼 들리면서도, 매우 실용적으로 달성된 것이에요."

이전 페이지들: BIG이 디자인한 코펜하겐의 슈퍼킬른 공원Superkilen park에 있는 나무와 가로등 주위를 흰 곡선들이 감싸고 있다. 공원의 활기찬 색상과 모양은 스포츠나 휴식을 위한 다양한 구역을 구분한다.

왼쪽: 뉴욕 맨해튼의 고층 빌딩과 저지대를 둘러싸는 BIG U의 홍수 방어 시스템의 조감도.

오른쪽 위: 어반 리거의 아이디어는 도시 중심부에 저렴한 학생용 주택을 만드는 것이었다. 항구 앞이라는 위치는 매력적인 선택이었다.

오른쪽 아래: 어반 리거 프로젝트는 공동 안마당을 중심으로 한 화물 컨테이너들로 만들어진 에너지 효율적인 복합 건물이다.

우리는 인간으로서 우리가 살고 싶은 세상의 형태를 부여할 힘을 가지고 있습니다. 그렇기 때문에 도시를 생각할 때, 우리가 바라는 세상처럼 만들어야 합니다.

―비야케 잉겔스

왼쪽: 코펜힐의 굽은 녹색 지붕이 하늘에서 선명하게 보인다. 이것은 풍부한 자원과 레크리에이션을 합친 야심 찬 비전이다.

오른쪽 위: 폐기물 에너지화 플랜트는 코펜하겐의 거대한 랜드마크다. 이산화탄소는 마치 공장이 연기 고리를 불어 보내듯 원형으로 방출된다.

오른쪽 아래: 코펜힐은 여름에는 하이킹을 위한 길이 되고, 겨울에는 스키 타기 좋은 눈으로 덮인 경사로가 된다.

BIG U는 BIG의 뉴욕 프로젝트 중 가장 큰 규모로, 기후 변화로 인한 해수면 상승과 폭풍 해일에서 로어 맨해튼 *Lower Manhattan*을 보호하기 위해 고안된 길이 16km의 장벽 시스템이다. 잉겔스는 "코펜힐과 비슷한 범주에 속해요. 맨해튼을 홍수로부터 보호하기 위해 필요한 모든 고난도 공학 설계를 적용하는 동시에 더 즐거운 해안가를 만들도록 설계했어요."라고 말한다. BIG U는 맨해튼을 도시 생활과 주변의 물을 분리하는 방조제 안에 가두기보다는, 높낮이가 있는 공원이자 풍경이며, 향후 수십 년 동안 디자인의 중요성을 일깨워줄 것이다. "제 아들에게 아빠가 맨해튼을 다음번 허리케인으로부터 보호하고, 즐길 수 있는 멋진 공원으로 만들고 있다고 말할 수 있어요." BIG가 이런 아이디어들을 세상에 내놓을 때마다, 그들은 실용적인 유토피아적 건축이라는 끊임없이 진화하는 목표를 향한 디딤돌을 만드는 것을 목표로 한다.

그렇다면 내일의 도시는 무엇을 우선순위에 둬야 할까? 잉겔스에게 꼭 필요한 것은 계획, 치유, 그리고 지속력이다. "지구상에서 인간이라는 존재는 어디에나 있기에 우리는 계획되지 않은 부분까지도 계획해야 해요." 잉겔스는 두 단어가 합쳐진 에콜로미 *ecolomy(역자: economy+ecology)*라는 단어를 좋아한다. "생태적으로나 경제적으로나 지속 가능한 것"이라고 그는 설명한다. "경제적으로 지속 가능한 환경을 원한다면 자원을 줄이거나 제거하면서 환경을 희생시켜서는 안 돼요. 무엇도 다른 존재 없이는 존재할 수 없어요." 발전소에서 스키를 타든, 홍수 방지 시스템 위에서 조깅하든, 아니면 도시 항구에서 수영하든, BIG의 건축물은 실제로 도시를 더 혁신적이고 자원이 풍부한 곳으로 만드는 방법에 대한 결과물이라고 잉겔스는 말한다. "우리는 세상을 바꿀 때마다 올바른 방향으로 수정하는 것만 확실히 하면 돼요." •

왼쪽: 모두를 위한 집Homes for All 프로젝트라고도 알려진 도르테아베즈 주택Dortheavej Residence은 선호도가 높은 저렴한 주택과 공공장소를 제공한다.

오른쪽: 모듈식 건축은 합리적인 가격의 고품질 주택을 만들기 위해 단일 조립식 구조를 기반으로 한다.

마이클 그린 아키텍쳐

Michael Green Architecture

26 자원이 풍부한 도시

어떻게 하면 지속가능성을 전면에 내세우면서 도시가 더 많은 자원을 확보할 수 있을까? 유명한 캐나다 건축가 마이클 그린*Michael Green*이 내린 해답은 우리 주변에서 자라나면서, 지구를 건강하게 유지하게 하는 가장 효율적인 건축 자재인 나무다.

전 세계적으로 나무는 기후 위기를 안정시키는 우리의 훌륭한 협력자 중 하나로 대기 중의 이산화탄소를 제거하고 바이오매스에 저장한다. 숲과 공원이 도시의 녹색 폐가 되어 중요한 유기적 인프라를 제공한다. 나무로 만들어진 건물들은 보기에 아름다울 뿐만 아니라 안에서 머무르기에도 더 건강하고, 사람들이 스트레스를 덜 받고 더 생산적일 수 있게 한다.

캐나다 밴쿠버에 기반을 둔 건축가 마이클 그린은 "우리가 나무와 같은 천연 자재 속에서 일하기로 선택할 때 도시는 더 건강한 장소가 될 거예요"라고 주장하며, 이 주제를 가지고 국제적으로 강연을 한다. 그린은 거대 목재 구조물 설계 분야의 세계적인 리더이며, 이 업계에서 가장 겸손한 건축가 중 한 명일 것이다. 그의 2013년 TED 강연, "왜 우리는 고층 목조 건물을 지어야 하는가"는 백만 명 이상이 보았다. 그 당시, 많은 관심이 쏟아졌다. 오늘날, 목재 건축물의 높이는 점점 더 높아지고 있다.

그린의 작업이 지속해서 보내는 메시지는 혁신은 목적이 필요하며 자연을 존중하는 것이 다른 무엇보다 중요하다는 것이다. 그린은 카리스마 있고, 진지하며, 자연과 조화를 이루는 건물을 만들고자 하는 열망을 가진 자칭 자연주의자다. 게다가, 초록색의 의미를 지닌 그의 성인 그린은 이름 결정론(역자: 사람은 자신의 이름과 관계가 있는 분야를 좋아하고 잘 수행한다는 이론)에 딱 맞는 예이다. "우리가 만지는 모든 것은 어떻게든 사람들과 지구 모두를 위해 세상을 더 좋게 만들어야 해요. 우리는 양쪽에게 동등한 이익을 제공할 필요가 있어요." 그는 지역 커뮤니티의 참여, 탄소 배출량의 현실에 대한 더 많은 교육, 그리고 지속 가능한 도시를 건설하는 긴급하고 체계적인 변화를 지지한다.

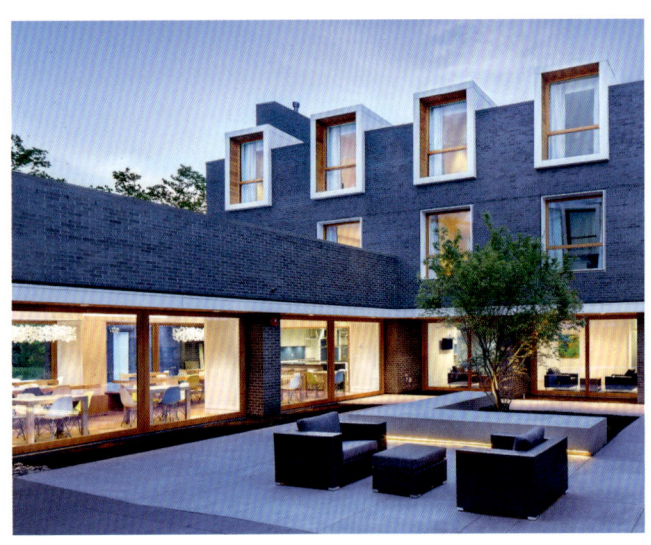

그린은 밴쿠버와 미국의 울창한 숲으로 둘러싸인 푸른 도시에서 자랐고 열렬한 야외 모험가가 되었다. 호평받는 건축가 세자르 펠리 César Pelli와 함께 경력을 시작한 그린은 말레이시아 쿠알라룸푸르에 있는 페트로나 타워 Petronas Towers를 포함하여 "당시 세계에서 가장 높은 건물"에서 일했는데, 이 경험은 유기물과 작업하는 쪽으로 그의 초점을 옮기도록 이끌었다. 20여 년 후, 오리건주 포틀랜드와 밴쿠버에 공동으로 기반을 둔 마이클 그린 아키텍쳐 Michael Green Architecture(MGA)는 목재 기반 분야에서 선구적인 회사가 되었다.

그린은 많은 건물이 혁신적이라고 불리지만, 그 표현은 종종 표면적으로만 해당한다고 믿는다. 예를 들어, 일부 스타 건축가의 건축물들이 미래지향적으로 보일 수 있지만, 그들의 혁신은 미학에만 적용된다. "오늘날의 많은 건물은 의미 있고 목적이 있는 형태를 가지고 있지 않아요. 하지만 저는 우리가 자연 자체의 구조들을 반영하기 위해 계속 나아갈 거로 생각해요"라고 그는 말한다. 2016년, 그의 회사는 아마존 Amazon을 위해 미네소타주 미니애폴리스에 7층짜리 목조 건물을 완성하면서 이 말을 실행에 옮겼다. T3라고 불리는 이 건물은 미국에서 100년 만에 처음으로 지어진 현대식 목재 건물이며, 대규모 목재 건축의 판도를 바꾸는 프로젝트였다. "목재 timber, 기술 technology, 운송 transit"을 의미하는 T3는 지붕, 바닥, 기둥, 빔, 그리고 가구를 위해 가공된 목재 부품을 사용한다. 상당한 양의 목재는 소나무좀벌레가 죽인 나무에서 나왔는데, 이것은 순환적 실행의 정직한 예다.

어떻게 세계에서 가장 오래된 건축 자재 중 하나인 나무가 가장 진보된 건축 자재가 될 수 있을까? 그린은 다음과 같이 설명한다: "무게에 대한 힘, 나무는 사실 강철보다 더 강해요. 우리는 그 잠재력이 무엇인지 이제 막 보기 시작했어요. 우리는 강철과 콘크리트가 무엇을 할 수 있는지 알아요. 멋지죠. 하지만 탄소를 흡수하지 않아요. 오히려 무자비할 정도로 탄소를 만들어 냅니다." 철강과 콘크리트의 탄소 발자국은 세계 총 온실가스

이전 페이지들: 불빛이 가득한 북부 밴쿠버 시청 North Vancouver City Hall은 대규모로 목재를 활용한 이 회사의 첫 프로젝트 중 하나이다. 2014년, MGA의 리노베이션은 캐나다의 예술계 및 학계에서 가장 높은 상인 총독 훈장을 받았다.

왼쪽: 밴쿠버에 있는 로날드 맥도날드 하우스 Ronald McDonald House는 아픈 아이들에게 호텔이나 병원이 아닌 집처럼 느껴지는 장소를 제공한다.

오른쪽 위: 그린에게 중요한 것은 건물이 가족을 위해 조성하는 사회적 연결이다.

오른쪽 아래: 나무로 만들어진 빌트인 놀이 기구들은 경쾌한 분위기를 제공한다.

이상적인 도시는 자연으로 인해 완전히 풍요로워져야 하고, 공원으로 둘러싸인
유기물로 만들어진 건물들, 걷거나 자전거를 탈 수 있는 거리, 야생동물을 장려하는
지역들이 있어야 한다.

—마이클 그린

오른쪽: 선착장 건물은 보트와 요트를 수용하기 위해 적은 예산으로 지어졌다. 밤에는 반투명 폴리카보네이트 벽이 환해진다.

왼쪽:내부 표면은 튼튼한 구조적 기초를 만들기 위해 건설용 합판으로 만들어진다.

배출량의 11%를 차지한다. 하지만 나무는 전적으로 태양에 의해 자라며 35ft³$(1m^3)$의 나무가 1t의 이산화탄소를 저장할 수 있다.

"태양은 자유로워요"라고 그는 덧붙인다. "태양과 나무 사이에는 태양 전지판이 없어요. 따라서 이보다 더 효율적인 재료는 없어요. 우리는 그저 그러한 재료들이 무엇을 할 수 있는지에 대한 이해를 더 정교하게 해야 할 뿐이에요."

우리는 또한 목재를 어떻게 조달하는지에 대해 더 책임감을 가질 필요가 있다. 왜냐하면 많은 이점에도 불구하고, 현재의 산림 작업은 큰 피해를 입히기 때문이다. "산림 산업이 아직은 좋은 모델이 아니지만 앞으로 더 개선될 수 있어요"라고 그린은 말한다. 북미의 숲에는 6분마다 새로운 T3 미니애폴리스 *T3 Minneapolis* (역자: 미니애폴리스에 위치한 대규모 목재 건축물)를 만들기에 충분한 나무가 자란다. "저는 왜 사람들이 엄청난 양의 에너지가 있어야 하는 인공적인 것을 선택하는지 모르겠어요. 이해가 안 돼요"라고 그린은 말한다.

그린은 사회적 변화를 보길 원한다. "우리는 모든 사람을 정말 잘 알고 지내는 작은 커뮤니티에 살았던 적이 있어요"라고 그는 말한다. "지금은 무질서한 도시에 살고 큰 단절이 있죠." 개인적인 차원에서, 더 풍부한 자원이 된다는 것은 공동체 의식적인 행동으로 돌아간다는 것을 의미한다. 그린은 우리에게 한동네에서 살고, 일하고, 쇼핑하고, 놀며, "우리 자신의 동심원을 재건하고 투자하라"고 촉구한다. "그것은 한 생산자에게서 달걀을, 다른 생산자에게서 채소를 사기 위해 걸어가는 인간 경험의 친밀함에서 비롯되요."

이러한 동심적 사고방식, 즉 우리가 작은 원을 통해 서로 연결되어 있고 영향을 미친다는 생각은 밴쿠버의 로날드 맥도날드 하우스의 개념적 토대이다. 이곳은 73개의 침실이 있는 "집이 아닌 집"으로 심각한 질병으로 치료를 받는 아이들이 있는 가족을 위한 곳이며 그린이 가장 자랑스러워하는 프로젝트이다. "이 프로젝트는 목재 건물이면서, 사람들이 어떻게 치유되는지에 대한 많은 생각이 들어간 건물이에요." 그린의 포부는 가족이 비슷한 경험을 겪는 다른 가족들에 둘러싸여 있을 때 발달하는 양육, 밀접한 사회적 유대를 보존하는 것이었다. 이 프로젝트는 공동체의 힘을 상기시키는 중요한 것이다.

그린은 친밀감과 인간의 교류를 도시들이 배우길 바란다. "이상적인 도시는 자연으로 인해 완전히 풍요로워져야 하고, 공원으로 둘러싸인 유기물로 만들어진 건물들, 걷거나 자전거를 탈 수 있는 거리, 야생동물을 장려하는 지역들이 있어야 해요"라고 그는 말한다. "사람들이 우리가 하는 선택의 실제적인 현실에 뿌리를 두도록 하고 우리 주변에 긍정적인 영향을 줄 수 있도록 하기 위해 기술을 사용해야 해요." 그렇다면 이러한 요소들을 어떻게 실행하거나 더 개선할 수 있을까? "더 넓은 글로벌 교육은 미래의 도시를 변화시키기 위해 필수에요"라고 그린은 말한다. "그것이 의미가 있는 건축이죠. 정말 기대돼요." •

왼쪽:미니애폴리스의 T3 내부. 220,000ft² *(18,580m²)* 규모의 이 상업용 빌딩은 리테일과 오피스 공간이 함께 있다.

오른쪽 위: 완공되자마자, T3는 미국에서 대규모로 100년 만에 처음 지어진 현대식 목재 건물이었다.

오른쪽 아래: 이 구조물은 127,130ft³*(3,600m³)*의 나무로 지어졌으며, 이 건축물은 전체 수명 동안 약 3,200t의 탄소를 흡수할 것이다.

물 위의 지속 가능한 순환 주거 지역

물 위에서 사는 것이 해수면 상승의 위협을 받는 지역에 실행 가능한 해결책이 되는 방법.

스쿤스킵
Schoonschip

스페이스 앤 매터
Space&Matter

네덜란드, 암스테르담

진행 중

과거에 산업 지역이었던 암스테르담 북쪽에 운하를 따라 건설된 스쿤스킵은 열성적인 사람들이 꿈꾸고, 지역 디자인 스튜디오 스페이스 앤 매터에 의해 실현된 독특한 주거 지역이다. 순환적인 공동체 모델을 기반으로 만들어진 이 프로젝트는 기후 변화의 영향에 맞서는 대안으로서 땅 대신 물 위에서 사는 아이디어를 탐구한다. 스마트 부두로 연결된 스쿤스킵의 26개의 주택은 물, 에너지, 폐기물 시스템에 독립적이고, 분산적으로 연결되어 있다. 또한, 재생 가능한 솔루션을 공유할 수 있도록 연결되어 있다. 다른 지속 가능한 계획으로는 전기 자동차 공유 시스템과 주민들이 식량을 재배할 수 있는 녹색 지붕이 있다. 심지어 주민들이 여분의 태양 에너지를 교환할 수 있게 해주는 자체 암호화폐인 줄리엣*Joliette*도 가지고 있다. 그 결과, 주민들은 그들의 자원에 책임을 지고, 그 과정에서 지역 순환 경제를 이루는 탄력적이고, 자급자족하며, 사회적으로 결속력 있는 이웃이 된다. 해수면 상승이 도시를 위협하고 있기 때문에, 육지에 집을 짓는 것보다 물 위에 짓는 것이 실제로 더 안전할 수 있다. 그리고, 사람이 살 수 없는 지역이 되면, 수상 가옥은 새로운 장소로 쉽게 옮겨질 수 있다.

왼쪽: 지속 가능한 재료로 만들어진 주택 단지를 보여주는 프로젝트이다. 각 집은 에너지를 자체 생산한다.

오른쪽: 서로 연결된 부두는 물 위의 집들에 접근하는 통로 역할을 한다.

왼쪽 위: 이 프로젝트는 물 위에 집을 짓는 것이 안전할 수 있다는 것을 보여준다.

왼쪽 아래: 열펌프는 물에서 열을 추출해 가정에 난방을 제공한다.

오른쪽: 이 주택단지는 자연에 극히 적은 영향을 미치며 다른 곳으로 옮겨질 수 있다.

식물에 물을 주는 보도

도심에 자연스러운 물의 순환을
도입하는 방법.

기후 타일
Climate Tile

트리디예 나투르
Tredje Natur

덴마크, 코펜하겐
진행 중

코펜하겐의 트렌디한 뇌어브로Nørrebro 지역에 있는 헤임달스가데 Heimdalsgade의 짧은 보도에는 구멍, 터널, 그리고 굴곡의 특이한 시스템이 가득하다. 이것은 도시의 빗물 처리 방식에 혁명을 일으킬 수 있는 물관리 시스템인 트리디예 나투르의 기후 타일을 위한 시범 프로젝트이다. 밀도가 높은 여러 도시에서, 기존의 도시 배수 시스템은 폭우를 견딜 수 있는 수용력이 낮으므로 폭우로 인한 위험천만한 홍수를 초래할 수 있다. 그렇다면 도시들은 기후 변화와 함께 올 것으로 예상되는 급격한 강우량 증가에 어떻게 대처할 것인가? 기후변화에 대응하는 조경 및 도시계획 전문가인 트리디예 나투르는 자신들에게 해답이 있다고 생각한다. 기후 타일은 독특한 내장 시스템으로 빗물이 도시의 주요 배수 시스템으로 들어가기도 전에 수집하고 관리한다. 물을 보도에서 멀리 흘려보내 근처의 식물과 녹지 공간에 물을 대는 등의 2차 용도로 사용한다. 이 시스템은 옥상과 보도에서 물을 수집, 저장, 전환, 재분배함으로써, 기존 하수관의 물의 흐름을 크게 감소시켜 새로운 시설과 물관리 인프라 확장을 위한 비용을 줄일 수 있다. 기후 변화가 도시에 압력을 가함에 따라, 기후 타일은 도시 환경에 더 지속 가능한 수로를 재도입하여 많은 양의 비가 도시를 더 아름답게 한다.

왼쪽: 타일에는 빗물을 모아 보도에서 멀리 이동시키는 구멍들이 뚫려 있다.

오른쪽 아래: 빗물은 이 구멍으로 스며들어 근처의 식물에 물을 대는 데 사용될 수 있다.

오른쪽 위: 설계 회사는 타일들이 홍수 방어의 역할을 하면서 식물에 물을 대어 거리에 생명을 더해 주기를 바란다.

도심 속 주택의 지속 가능한 난방을 위한 세계 최초의 계획

최첨단 기술이 대중교통에서 발생하는 폐열을 재활용하는 방법.

번힐 2 에너지 센터
Bunhill 2 Energy Centre
컬리넌 스튜디오
Cullinan Studio
영국, 런던
2020

컬리넌 스튜디오는 번힐 2 에너지 센터를 통해 지하철 시스템이 있는 모든 도시의 온수 및 가정 난방을 위한 템플릿을 설계했다. 사용되지 않는 런던 지하철역을 재활용한 신에너지 센터는 노던 라인*Northern Line*의 터널에서 따뜻한 공기를 추출하는 6ft*(2m)* 높이의 환풍기를 포함하고 있다. 따뜻한 공기는 물을 데우는 데 사용된 후 지하 파이프망을 통해 인근 건물로 공급된다. 현재 폐열을 이용하여 1,350가구와 두 곳의 레크리에이션 센터, 그리고 런던 북부의 이즐링턴 자치구*London borough of Islington*의 학교에도 난방을 공급한다. 터널 중간의 통풍구 안에 설치된 이 거대한 환풍기는 여름철의 지하철 터널을 시원하게 해주는 이점도 있다. 이 프로젝트는 이미 난방비와 탄소 배출량의 감소와 더불어 눈에 띄는 대기 질 개선 효과를 보았다. 런던 전역에 방치된 40개 이상의 지하철역에 이 시스템을 재현한다면 수만 명의 런던 시민에게 혜택을 줄 수 있을 뿐만 아니라 2030년까지 탄소 중립이 되겠다는 도시의 현재 목표에도 크게 기여할 수 있다.

왼쪽: 런던 지하철 역의 타일 색상을 상징적으로 사용하였다. 포획된 열은 1,000개 이상의 건물을 따뜻하게 할 수 있다.

오른쪽: 내부에 있는 팬은 노던 라인 터널에서 따뜻한 공기를 추출하여 열을 주변 가정과 회사로 전달한다.

자유로운 형태의 3차원 정원

세계에서 가장 밀도 높은 도시의 중심지에 생물 다양성을 설계하는 방법.

마리나 원의 그린 하트
Green Heart in Marina One

구스타프슨 포터+보먼
Gustafson Porter + Bowman

싱가포르, 마리나 베이
Marina Bay

2018

이 고밀도 복합용도 건물은 싱가포르의 새로운 마리나 베이 금융 지구에 있다. 마리나 원의 네 개 타워의 외부 모습은 수많은 도시 건물과 닮았으며, 도시의 격자 위에 세워져 있다. 하지만 내부 공간은 다른 이야기를 한다. 건물 구조에 부드러운 경관을 접목하기 위해 극대화된 파사드의 지상에는 초목이 무성하고, 푸른 스카이 테라스와 잎이 무성한 공공 공간의 루프 탑이 층층이 형성되어 있다. 내부 중앙에는 조경건축가 구스타프슨 포터+보먼이 디자인한 그린 하트가 있다. 고층 건물에 휴먼스케일을 유지하고 있는 구불구불한 경사로를 통해 방문객과 거주자들은 푸른 식물로 둘러싸인 지상에서부터 올라갈 수 있다. 고층의 하늘 정원과 높은 타워 사이에 열려있는 공간은 여러 층의 중앙 정원에 편안한 미기후를 만들기 위해 공기 흐름을 개선한다. 그린 하트와 마리나 원 단지는 방대한 녹색 공공 공간이 빽빽하고 습한 도시에 신선한 공기를 불어 넣을 수 있는 새로운 형태의 도시성을 보여준다.

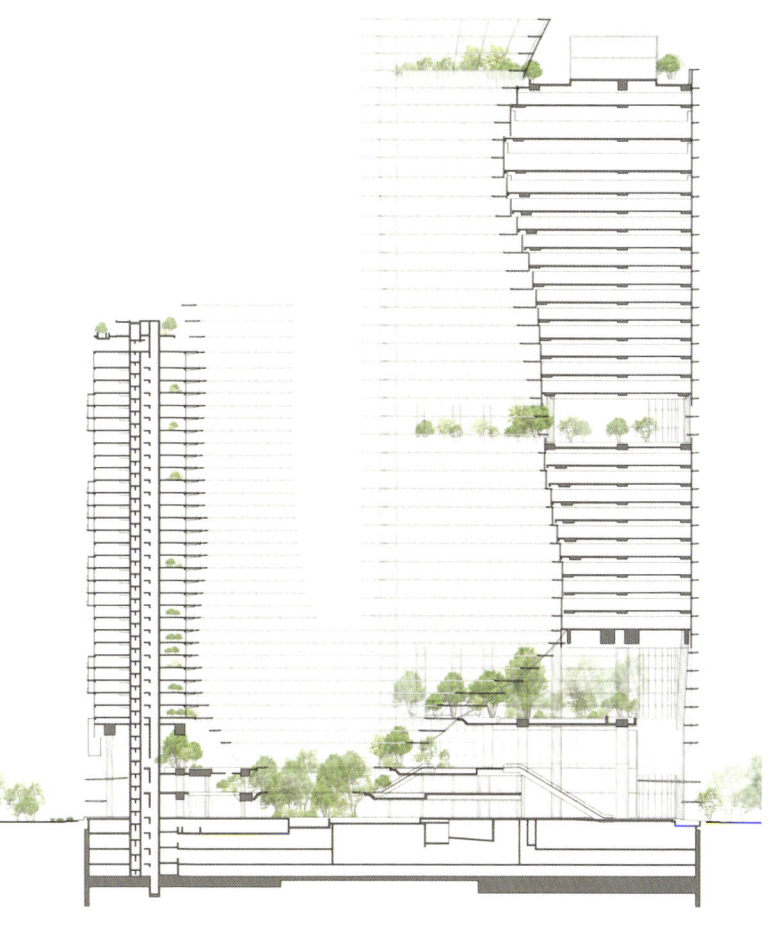

왼쪽: 정원과 결합한 건물의 구조는 자연통풍과 햇볕이 내리쬐는 곳을 만들어낸다.

오른쪽: 이 건축물은 높이마다 달라지는 열대우림의 다양한 기후 변화에서 영감을 받았다.

위: 물결 모양을 띠는 네 개의 고밀도 건물들이 중앙에 있는 "녹색 심장" 안뜰을 둘러싸고 있다.

자원이 풍부한 도시

왼쪽 위: 조경된 공용 구역은 산책이나 사색을 위한 자연에 가까운 공간을 제공한다.

왼쪽 아래: 싱가포르의 새로운 마리나 베이에 위치한 이 단지는 3,500,000ft²*(325,000m²)* 이상의 규모이다.

오른쪽: 방문객들과 거주자들은 식물로 둘러싸인 구불구불한 통로를 통해 1층에서 올라갈 수 있다.

세계 최초의 순 잉여 에너지 건물

소비하는 에너지보다 더 많은 에너지를 생산하는 건물을 짓는 방법.

프라이부르크 시청
Freiburg Town Hall
인겐호벤 아키텍츠
Ingenhoven Architects
독일, 프라이부르크
Freiburg
2017

인겐호벤 아키텍츠는 근로자들과 대중들이 투명한 분위기를 즐길 수 있는 시청을 만들기 위해 밝고, 가볍고, 개방적인 개념으로 디자인했다. 지역에서 공급된 낙엽송 *larch wood* 으로 만든 곡선의 파사드 뒤의 위층 사무실 공간은 유리 칸막이 시스템 덕분에 가변적이다. 1층의 시민 서비스 센터는 환대받는 느낌을 주는 흰색 위주의 둥근 공간이다. 또한 프라이부르크 시청은 세계 최초의 순 잉여 에너지 건물 *net-surplus-energy building* 이다. 16개의 분리된 부지를 하나의 건물로 통합하고 직원들의 자녀들을 위한 보육 시설을 갖춤으로써, 부지 간의 교통량과 이산화탄소 배출량을 줄인다. 태양 전지판은 건물의 전기를 생성하기 위해 지붕뿐만 아니라 파사드에 결합되어 있으며, 지붕에서 수집한 물은 관개 및 냉난방에 사용된다. 전체 부지는 공원 내에 세워져 건물에서 근무하는 사람들과 방문객들이 도시 전체의 푸른 경치를 볼 수 있도록 하여 그린 캠퍼스 정신을 완성한다.

왼쪽: 독일 남서부에 위치한 243,800ft²(22,650m²) 규모의 프라이부르크 시청.

오른쪽: 이 시청은 세계 최초의 공공 순 잉여 에너지 건물로, 시청이 사용하는 것보다 더 많은 에너지를 생산한다.

자원이 풍부한 도시

왼쪽 아래: 건물의 중심부는 1층에 회의실과 식당이 있는 주민 서비스 센터다.

맨 위: 채광창으로 건물 내부에 빛이 쏟아진다. 지붕에서 수집한 물은 관개용으로 사용된다.

오른쪽 아래: 파사드 장치의 태양 전지판은 전체 건물에서 사용하는 전기를 생산한다.

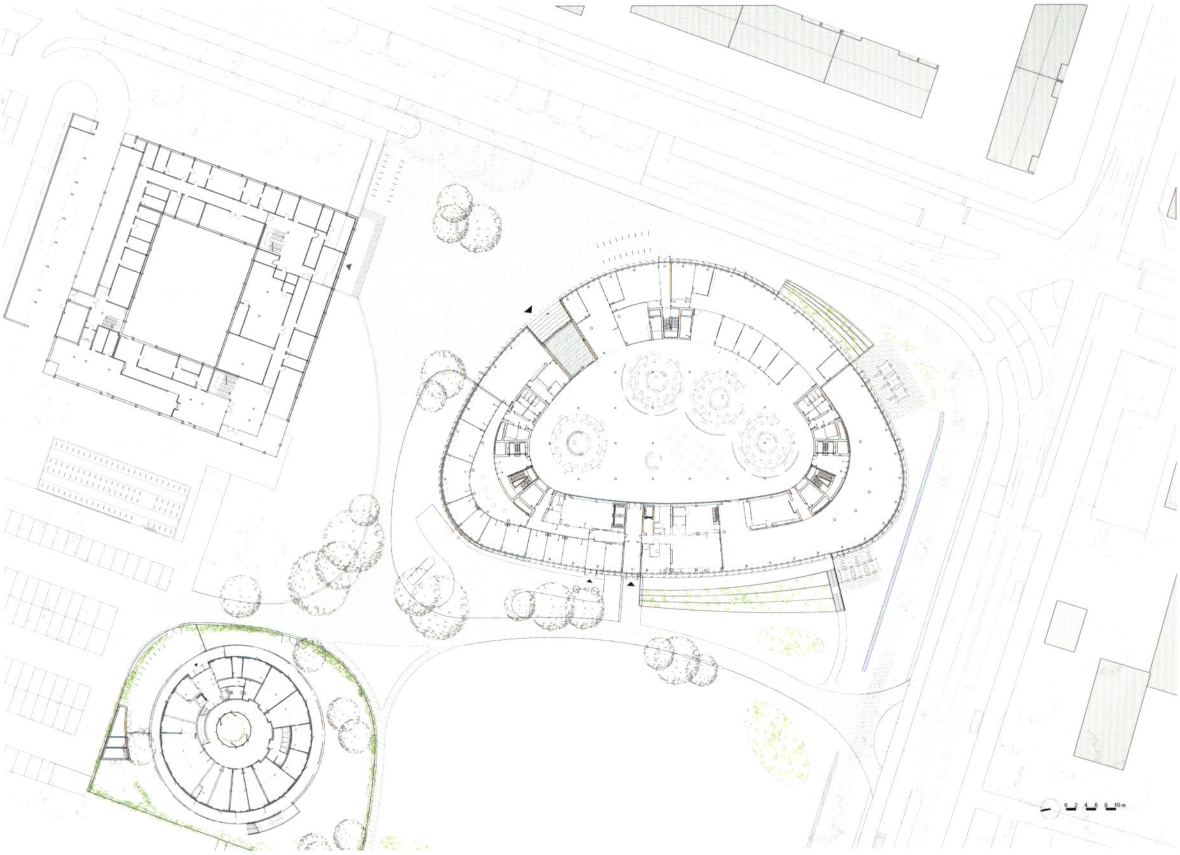

52 자원이 풍부한 도시

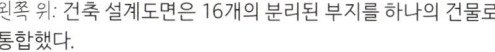

왼쪽 위: 건축 설계도면은 16개의 분리된 부지를 하나의 건물로 통합했다.

왼쪽 아래: 시청은 수많은 나무와 정돈된 잔디밭으로 둘러싸여 있다.

오른쪽: 파사드는 자연광을 유입하기 위해 간격을 두고 배치된 현지의 낙엽송 슬레이트로 만들어졌다.

새로운 세대의
전문성 있는 인도 여성들을 위하여

재활용 재료를 사용하여 경제적으로 어려운 여성과 소녀들을 위한 학교를 짓는 방법.

아바사라 아카데미
Avasara Academy

케이스 디자인
Case Design

인도, 라베일
Lavale

2019

소녀들을 교육하는 것은 기후 변화에 대한 가장 강력한 해결책 중 하나다. 이는 또한 새로운 기술과 자원에 대한 접근성을 높일 뿐만 아니라 보다 탄력적인 가정과 지역 경제로 이어진다. 하지만 세계에서 경제가 가장 빠르게 성장하고 있는 인도의 모든 소녀 중 절반만이 중고등 교육을 받는다. 루파 푸루쇼타만 *Roopa Purushothaman*은 새로운 세대가 긍정적인 변화를 일으켜 균형을 바로잡을 수 있도록 소외계층의 소녀들을 위한 진보적인 아바사라 아카데미를 설립했다.

100개 이상의 교육 센터와 9개의 대학이 있는 교육의 중심지인 푸네 *Pune* 외곽에 위치한 이 캠퍼스는 뭄바이에 본사를 둔 건축 회사 케이스 디자인 *Case Design*의 프로젝트다. 대나무로 감싼 콘크리트 구조물이 반 외부 산책로 *semi-outdoor walkways*, 뜰, 테라스를 중심으로 배치된 환경은 실험적인 학습 기회를 장려하고 공동생활의 친밀감을 조성한다. 건축가들은 제한된 예산으로 인해 많은 기지를 발휘해야 했다. 근처의 허물어진 건물에서 회수된 재료를 사용했고 모자이크 포장은 채석장 쓰레기에서 나온 돌로 만들었다. 아바사라 아카데미는 커뮤니티에서 저렴하고 접근성이 뛰어나며 포괄적인 교육적 해결책을 만드는 데 건축이 어떤 역할을 수행할 수 있는지를 잘 보여준다.

왼쪽: 경제적으로 어려운 인도 서부의 젊은 여성과 소녀들을 위한 4층 높이의 학교 아바사라 아카데미.

오른쪽: 건물은 이중 높이 천장과 대나무 외벽이 덮여있는 단순한 콘크리트 구조로 되어 있다. 주문 제작한 색상은 말렌 바흐Malene Bach에 의해 디자인되고 개발되었다.

위: 학교는 전원적인 경관의 가장자리에 자리 잡고 있다. 프라틱 라발*Pratik Raval*과 협력하여 설계한 수동 냉각 시스템은 경제적, 환경적 자원을 절약하는 중요한 기술적 성과다.

아바사라 아카데미

왼쪽 위: 공용 공간과 개인 공간은 캠퍼스에 살면서 공부하는 소녀들에게 친근함과 친밀함을 제공한다.

왼쪽 아래: 이 학교는 청소년들의 성장을 위한 안식처가 되어 인도의 취학 적령기 소녀들의 교육과 성장의 선두주자가 되었다.

오른쪽: 뜰과 테라스는 학습을 위한 교실 외에도 다양한 공간을 제공한다.

아바사라 아카데미

새로운 방향으로 나아가는 벽면녹화 기술

벽면녹화가 도시 경관에 환경적, 미적, 사회적으로 줄 수 있는 영향.

KMC 기업 사무실
KMC Corporate Office
RMA 아키텍츠
RMA Architects
인도, 하이데라바드
Hyderabad
2012

지속 가능한 건축에서 벽면녹화 green wall 기술이 새로운 것은 아니지만 RMA 아키텍츠가 인도 하이데라바드에 있는 기업 건물을 디자인하여 벽면녹화 기술을 새로운 수준으로 끌어올렸다. 이중 외피 파사드 double-skin facade에서 외벽은 다양한 식물 종을 재배하기 위한 수경 트레이 hydroponic trays, 점적관수 drip irrigation 및 미스팅 시스템을 갖춘 알루미늄 트렐리스로 구성된다. 리빙 스크린 시스템은 건물 내부로 들어오는 빛과 공기의 흐름을 조절하는 동시에 바람이 부는 뜨거운 여름 동안 파사드의 먼지를 청소한다. 이것은 비슷한 기후를 가진 많은 남아시아 도시에 이로운 디자인이다. 하지만 여기서 새로운 점은, 계절에 따라 변하는 패턴으로 역동적인 외관을 만들기 위해 일 년 내내 다른 시기에 꽃이 피는 초목을 선택했다는 점이다. 그리고 리빙 파사드는 일 년 내내 관리되어야 하므로, 사회적으로나 경제적으로 이질적인 두 그룹, 즉 정원사와 회사의 직원들을 연결해주는 역할도 한다. 정원사가 회의실과 같은 층의 발코니에서 작업함으로써 일반적인 공간적 위계 구분이 완화된다.

왼쪽: 멀리서 보면 건물이 주변 지형과 조화를 이루면서도 시각적으로도 독특하다.

오른쪽: 외부 파사드의 알루미늄 트렐리스와 수경 트레이. 다양한 식물 종이 이곳에서 자랄 수 있다.

62 자원이 풍부한 도시

왼쪽 아래: 일 년 내내 다른 시기에 꽃을 피우는 계절 식물들을 선택했다. 이 식물들은 건물에 빛과 공기를 여과한다.

위: 인테리어도 녹지로부터 이득을 본다. 유리벽은 내부와 외부 공간 사이의 경계를 흐리게 한다.

오른쪽 아래: 트렐리스는 식물과 트레이에 물을 보내기 위한 미스팅 시스템을 가지고 있어, 식물들이 잘 자라도록 돕는다.

KMC 기업 사무실

맛 좋은 식자재들이 바로 재배되는 곳
우리 도시를 먹여 살릴 지속 가능한 새로운 기술을 개발하는 방법.

테스트 키친
Test Kitchen
스페이스10
SPACE10
전 세계
2015-2020

채식 위주 식단과 현지에서 재배된 음식은 기후 변화의 완화를 도울 수 있는 가장 강력한 방법의 하나다. 스페이스10은 우리 도시에 지속 가능한 식품 생산을 통합하기 위한 혁신적인 방법을 모색해 왔으며, 수년간 많은 협력자를 테스트 키친에 참여시켰다. 연구의 한 방안으로 밭에서보다 세 배 더 빨리 자라고, 물을 90% 적게 사용하며, 흙이나 햇빛이 필요 없는 수경 재배 시스템을 적용한 로칼*Lokal* 샐러드 바와 같은 프로젝트를 만들었다. 로칼 샐러드 바에서는 영양분이 풍부한 물을 담은 수직으로 쌓은 트레이에서 LED조명을 에너지로 하여 채소를 재배했다. 또 다른 프로젝트인 해조 돔*Algae Dome*은 스피룰리나 같은 슈퍼푸드에 대한 인식을 높이는 것을 목표로 한다. 스피룰리나는 빨리 자라고 지속 가능하며 거의 모든 곳에서 생산될 수 있는 녹색 작물이다. 스피룰리나는 비타민과 미네랄이 가득하고, 고기를 포함한 다른 어떤 음식보다 더 많은 단백질을 함유하고 있다. 스페이스10은 디지털 제작의 엄청난 가능성을 활용하여 그로우룸*Growroom*도 출시했다. 이 오픈 소스 디자인은 조각적인 구형의 구조물로 우리 모두가 살아가는 바로 그곳에서 음식을 재배할 수 있게 해준다. 전 세계 도시에서 대규모로 채택된 이 기술들은 운송비, 폐기물, 담수 수요에 대한 경제적, 환경적 비용을 포함해 전통적인 식량 생산의 많은 문제를 상당히 줄일 것이다.

왼쪽: 시네 린드홈Sine Lindholm과 마즐릭 후섬Mads-Ulrik Husum이 디자인한 그로우룸은 도시 농업 파빌리온으로 누구나 스스로 만들 수 있는 구형의 합판 구조다.

오른쪽 위: 수경 수직 농장. 새싹채소 microgreens는 사람들이 음식을 빨리 재배할 수 있는 지속 가능한 방법으로 실내에서 재배된다.

오른쪽 아래: 해조 돔은 13ft(4m) 높이의 파빌리온으로 매일 220lb(100kg)의 스피룰리나를 생산하는 폐쇄 루프 시스템의 광생물반응기를 수용한다.

2 접근성이 좋은 도시

접근성이 좋은 도시는
나이, 능력, 종교, 재정적 안정, 인종, 성적 지향,
성 정체성, 정치적 관점과 관계없이 다양성과 포용성,
평등이 확보되는 곳이다. 이는 도시의 편의시설,
고용, 의료, 교육, 서비스, 문화, 비즈니스, 레저, 유산,
스포츠 및 자연에 공정하고 평등하게 접할 수 있도록
보장한다. 마지막으로, 정말 접근성이 좋은 도시란
저렴한 주택과 주택을 소유하는 다양한 접근성,
투명한 관리 방식과 함께 포괄적인 의사결정을
제공하고 지역사회 참여와 권한 부여를 촉진한다.

아직 소외된 많은 사람들을 포함해서

도시는 지역사회, 직업, 사회복지, 교육, 의료, 끝없는 먹거리, 그리고 사회 활동과 문화 활동의 기회를 약속하는 장소가 될 수 있다. 도시는 많은 사람들에게 이런 잠재력에 부응한다. 하지만 여전히 많은 사람들이 같은 상황에서 제외된다.

사람들은 더 나은 삶을 찾아 도시로 이주한다. 매일, 전 세계에서 150만 명의 사람들이 도시 지역으로 이동한다. 새로운 시민들 중 일부는 학교, 일자리, 서비스가 있는 곳에 가까이 살 여유가 없어서 심지어 전기도 부족하고 위생과는 거리가 먼 도시 변두리로 밀려나는 자신들을 발견하게 된다. 세계의 주요 도시에서는, 중산층 가족들조차도 저렴한 주택을 찾기 위해 애쓸지도 모른다. 이대로 내버려 둔다면 사회적 격차는 더 커진다.

건축과 도시계획은 사회적 문제를 디자인으로만 해결할 수는 없지만, 확실히 특정한 역할을 수행할 수 있다. 콜롬비아에서 두 번째로 큰 도시인 메데인*Medellín*은 콜롬비아에서 경제적, 사회적 불균형으로 얼룩진 가장 위험한 도시 중 하나였다. 저소득층의 산비탈 지역 주민들은 아래 계곡의 도시와 거의 단절되었다. 버스는 드물고 신뢰할 수 없었으며 도보로 이동하는 데는 몇 시간이 걸렸다. 2004년 시는 광범위한 개선 전략의 대표적인 요소로 도시교통으로는 세계 최초인 메트로케이블*Metrocable* 공중케이블카를 건설했다. 갑자기 매우 낮은 비용으로 교육과 사회 서비스뿐만 아니라 도심에서의 일자리와 기회도 쉽게 구할 수 있게 되었다. 도시 설계를 통해 가장 가난한 지역을 통합하려는 종합적인 노력은 지난 25년 동안 살인율이 80% 이상 감소하는 데 기여했다.

이상적인 도시는 모두에게 동등한 접근과 기회를 제공한다. 주민들의 가능성을 최대한 발휘할 수 있도록 도시를 계획하고 설계하는 데는 총체적이고 포괄적인 접근이 필요하다. 접근성이 좋은 도시는 8세부터 80세까지 모든 거주자들을 수용하며, 모든 사람들의 능력, 소득 수준, 성별 정체성, 종교와 민족성, 성적 지향, 정치적 견해를 품는 방법을 적극적으로 모색한다. 또한 도시의 물리적 기반구조, 거주자들의 사회적 혼합, 개인의 니즈 사이의 연관성을 보기 위해 다양한 관점을 사용하고, 좋은 디자인이 우리의 삶의 질을 높이도록 한다. 그리고 의사 결정에 대한 접근을 넓혀서 많은 사람들이 목소리를 낼 수 있도록 한다.

포용성과 접근성은 단순히 있으면 좋은 게 아니다. 접근성이 좋은 도시일수록 형편이 좋은 도시다. 유엔 해비타트*UN-Habitat*에 따르면, 잘 계획된 도시는 고용을 최대 15%까지 증가시킬 수 있다. 모든 사람이 경제에 통합하면 소득이 증가하고 재화와 서비스를 더 많이 소비할 수 있게 된다.

왼쪽: 어반 싱크 탱크*Urban-Think Tank (U-TT)*가 설계한 카라카스 메트로케이블 *Caracas Metrocable*은 도시 언덕 꼭대기 빈민가의 바리오*barrio* 주민들에게 교통편을 제공한다.

오른쪽: 건축회사 OJT가 구상한 스타터 홈*Starter Home* 프로젝트.

저렴한 가격의 주택 만들기

뭄바이에서 도쿄, 런던, 라고스에 이르기까지 주민들은 같은 어려움을 마주한다. 그들은 많은 것을 제공하는 도시 가까이에 괜찮은 집을 살 여유가 없다.

이상적인 도시에서는 저렴한 가격의 주택이 우선이다. 우리는 다양한 임대, 소유권 및 지분 모델을 사용하여 다양한 예산을 위한 여러 유형의 주택이 혼합된 지역을 만들기 위해 노력한다. 높은 땅값, 제한적인 규제, 단기 투자자들의 이익은 종종 감당할 수 있는 비용에 영향을 미친다. 따라서, 이상적인 도시는 공공 소유의 빈 땅과 사용이 적은 토지를 개방하고, 정부, 연기금, 지역 토지 신탁, 협동조합과 협력한 장기 투자를 통해 건설 자금을 조달한다. 지속 가능한 천연 자재를 사용한 조립식 및 모듈식 건축 시스템은 건축 비용을 낮추며, 민주적 소유 모델을 통해 사람들은 자신의 집을 설계하는 데 참여할 수 있다.

조너선 테이트 건축회사*Office of Jonathan Tate(OJT)*는 미국 루이지애나주 뉴올리언스의 관습적 소유권과 지역 규제를 뒤엎고 12채의 주택을 빈 구획에 지을 수 있었다. 각 주택들을 하나의 일관성 있는 구조로 영리하게 융합시킨 이 설계는, 산업 지역의 비정상적으로 큰 건축 구조물에 대한 요구조건들을 창의적으로 해결했다.

장벽 없애기

장애는 인간의 공통된 조건이다. 장애는 전 세계 인구의 15% 또는 10억 명 이상의 사람들에게 영향을 미친다. 어떤 형태의 장애는 영구적이지만, 우리 중 다수는 질병, 부상 또는 노화를 통해 일시적으로나 영구적으로 장애를 얻게 될 것이다. 훨씬 더 많은 사람들이 성별, 종교, 성적 지향 또는 수입 때문에, 아니면 그저 아기 유모차를 밀며 도시에서 길을 찾는 동안에도 보이지 않는 장벽과 마주친다. 도시의 역사적인 매력을 보존할 필요도 있지만, 이상적인 도시는 어떤 수준의 능력을 갖춘 사람도 접근할 수 있다.

2019년, 예루살렘 구시가지는 세계에서 가장 접근하기 쉬운 문화유산이 되었다. 2.5mi(4km)의 오래된 계단을 따라 난간을 설치하고, 경사로를 만들고, 무료 셔틀 서비스를 통합하는 등의 섬세한 보수를 통해서 말이다. 또한 3천 년 된 이 도시의 역사적 정체성을 위태롭게 하지 않으면서 기독교인, 이슬람교인, 유대인들이 주요 성지 세 곳에 휠체어로 접근할 수 있도록 했다. 모셰 라이온Moshe Lion 예루살렘 시장이 언론에 말한 것처럼, 이 프로젝트는 "전 세계 고대 도시들을 위한 길을 닦는 것이다."

재설계를 통해서, 도시의 역사적인 장소들을 방문하고 싶은 휠체어 사용자들의 예루살렘 구시가지 접근성이 높아졌다.

성별을 포괄적으로

전 세계적으로, 사람들은 여전히 성차별을 경험한다. 이상적인 도시는 남성, 여성 및 논바이너리non-binary(역자: 남성과 여성과 같은 이분법적 구분에 속하지 않는 성별)에게 교육, 직업 그리고 대중교통에서부터 전기에 이르는 어메니티amenity에 동등한 권한을 부여한다.

한때 억압적으로 느껴졌던 공간은 이따금 간단한 변화를 통해 모두를 환영하는 공간이 될 수 있다. 스웨덴의 도시 우메오Umeå에 있는 짧은 보행 터널은 실제적인 안전과 안전에 대한 개선된 인식을 만들기 위해 공간, 높이, 햇빛, 예술품, 자연의 소리, 그리고 최대한의 투명도를 사용한다. 터널은 밝고, 모든 부분이 다 보인다. 오늘날 이 터널은 위험한 구간이기보다는 사람들이 선호하는 경로이자 일부에게는 목적지가 되기도 한다.

종종 간과되는 사실이지만 여성들에게 힘을 실어주는 데 있어서 에너지에 대한 접근성은 매우 중요하다. 전 세계 10억 명의 사람들이 건강, 경제적 생산성, 교육의 기회에 영향을 주는 안정적인 전력망을 간헐적으로 사용하거나 사용하지 못하고 있다. 딜로이트Deloitte는 전기를 이용할 수 있는 시골 여성들이 그렇지 않은 여성들보다 두 배 이상 소득이 높다는 것을 발견했다. 방글라데시에서 솔셰어SOLshare는 태양열 가정 시스템을 스마트 P2P 마이크로 그리드와 상호 연결하여 지역사회가 태양으로부터 직접적인 수입을 얻을 수 있도록 한다.

스웨덴 우메오에 있는 레브*Lev!* 터널은 더 많은 빛을 사용하는 간단한 디자인 개입으로 이용하기 더 좋아졌다.

힘을 공유하는 방법 배우기

미국의 마이크 포드*Mike Ford*는 도시계획과 건축에서 "무엇"뿐만 아니라 "누구"에 대한 것인지도 다룬다. 그의 트렌디한 건축 캠프는 소외당하는 청소년들이 건축, 도시계획, 디자인 그리고 경제 발전을 접할 수 있게 하는 것을 목표로 한다. "우리 커뮤니티를 지지할 사람은 한정되어 있어요"라고 포드는 말한다.

모든 시민들의 요구를 이해하고 균형을 맞추기 위해서는 다양한 의사 결정권자와 변화를 만드는 사람들이 필요하다. 이상적인 도시에서는 공정하고 공평하게 힘을 갖는다. 도시계획에 대한 결정을 내리는 사람들은 아무래도 무엇이 결정될지에 영향을 미치며, 그 자리에 있는 사람들은 인생 경험의 스펙트럼을 대표해야 한다. 그렇게 하면 도시가 내리는 결정은 시민들의 다양성을 더 잘 반영할 수 있다.

스페이스10*SPACE10*의 솔라빌*SolarVille*은 작은 태양 전지판과 블록체인으로 작동하는 P2P*(peer to peer)* 마이크로 그리드를 갖춘 목조 마을로서 우리가 어떻게 재생 가능한 태양 에너지를 세상에 제공할 수 있는지를 보여준다.

일부분이 아닌 모두를 위해

도시는 서로 다른 배경을 가진 사람들이 모이면 번성한다. 만남은 새로운 아이디어를 만들어 내기에 우리는 반드시 모든 사람들이 어디서든, 언제든, 어떻게든 그들이 원하는 대로 참여할 수 있도록 해야 한다.

디자인의 가장 큰 강점은 좋은 의도를 기능적이고 효과적인 해결책으로 바꾸는 것이다. 접근성이라는 것은 서비스는 존재하지만, 서비스에 진입하는 데에 일정 수준의 장벽이 있음을 암시한다. 여기서 디자인 사고의 힘은 이미 존재하는 것을 필요한 사람들에게 가져다줄 창의적인 해결책을 찾으면서 본격적으로 발휘된다. •

어반 싱크 탱크

Urban-Think Tank

어반 싱크 탱크*Urban-Think Tank*의 창립 파트너인 알프레도 브릴렘버그*Alfredo Brillembourg*는 그의 모국인 베네수엘라와 남아프리카 공화국에 도시 디자인을 위한 새로운 모델을 짓고 있다. 그러나 그의 고향인 카라카스*Caracas*가 직면하고 있는 문제는 지역적인 것이 아니라 보편적이다. "카라카스는 어디에나 있다"고 그는 말한다.

베네수엘라계 미국인 건축가 알프레도 브릴렘버그는 이상적인 도시를 묘사하기 위해 움직임, 색깔, 그리고 춤이라는 의미를 담고 있는 파랑골레*parangolé*라는 단어를 사용한다. 이것은 존경받는 브라질의 예술가 엘리우 오이치시카*Hélio Oiticica*가 1960년대에 행한 일련의 예술 실험으로부터 파생되었다. "이것은 도시와 함께 춤을 추는 즐거운 표현이에요"라고 브릴렘버그는 말한다. "저는 밀집하고 콤팩트하고 보행자와 전기 자동차가 있으며 태양 에너지로 움직이는 도시를 상상해요. 도시는 흥미롭고, 재미있고, 행복하고, 민주적이어야 해요. 거리에 예술을 가져와야 해요 ... 도시와 함께 그리고 도시를 통하는 춤이요."

활기차고 의미 있는 장소로서 도시를 바라보는 브릴렘버그의 비전은 베네수엘라의 수도에서 자라온 자신의 경험에 뿌리를 두고 있다. "카라카스에서 우리는 이미 일종의 파랑골레에 와 있어요. 여기에 미래가 있어요"라고 그는 말한다. 하지만 슬로우모션 같은 수십 년간의 재앙이 나라를 황폐하게 했다. 1950년대 베네수엘라의 경제는 석유 덕분에 호황을 누렸다. 베네수엘라는 당시 세계에서 네 번째로 부유하고 라틴아메리카에서 불평등 수준이 가장 낮은 나라였다. 그러나 1992년 우고 차베스*Hugo Chávez*의 실패해버린 쿠데타가 나라를 강타했을 때 — 기존의 카를로스 안드레스 페레스*Carlos Andrés Pérez* 정권을 전복시키려는 지저분하고 유혈적인 시도 — 카라카스는 폭력시위와 극심한 빈부격차로 인한 시민 소요사태를 겪으며 분열되었다. 광범위한 사회적 불만, 초인플레이션, 식량 부족이 뒤따랐다. 브릴렘버그는 "한순간의 시대정신에 카라카스는 전쟁터가 됐다"라고 설명한다. "그래서 문제는 더욱 분명해졌어요. 가난한 사람들을 위한 물, 음식, 주택과 같은 자원들이 우리에게 없었습니다."

이런 격동의 배경 속에서, 브릴렘버그와 오스트리아의 교수 겸 건축가인 후베르트 클룸프너*Hubert Klumpner*는 여러 분야에 걸친 디자인 실무 및 연구실인 어반 싱크 탱크*Urban-Think Tank(U-TT)*를 설립했다. U-TT는 차베스가 대통령으로 선출된 해인 1998년 카라카스에서 설립되었다. 브릴렘버그는 "클룸프너와 저는 도시의 미래에 대해 함께 생각해보기로 했어요"라고 말한다. "우리는 정치에 깊이 빠져들었어요. 그래야만 했어요. 왜냐하면 정부의 정책이 나라를 더 악화시키는 걸 보고 있었기 때문이에요." 비록 베네수엘라의 정치적, 경제적, 그리고 인도주의적 위기가 얼마나 파국적으로 커졌는지 과장해서 말하기는 어렵지만, U-TT와 같은 기관들은 극심한 사회적, 경제적 불평등과 싸우기 위한 프로젝트에 참여하여 진심으로 이 상황을 해결하려고 노력했다. 브릴렘버그는 "우리는 소위 '슬럼'으로 분류된 지역들, 더 잘 표현하자면 '임시 거주지'로 분류된 지역들을 확인했다"고 언급했다. "우리는 도시의 60% 이상이 비공식적으로 살고 있다는 것을 발견했습니다."

U-TT가 더 많은 연구를 할수록, 문제들은 더 분명해졌다. 브릴렘버그는 "주택 부족, 위생 문제, 공공 레크리에이션 장소나 교통수단 부족 등의 문제가 해결됐다"고 말한다. "그래서 우리는 저가 주택, 건식 화장실, 도시형 케이블카, 수직 체육관을 제안했어요. 이것은 건강에 엄청난 영향을 줬습니다." 그가 언급한 프로젝트들은 토레 다비드*Torre David* 개발, 카라카스 메트로케이블*Caracas Metrocable*, 수직 체육관*Vertical Gy* 프로토타입이다. 그들은 거주민들이 더 살기 좋은 도시로 만들어 사회적 결속력을 강화했고, 브릴렘버그의 다른 표현인 파랑골레를 보여줬다. 조립식 수직 체육관은 카라카스의 차카오*Chacao* 시의 공공 레크리에이션 공간으로 공공시설의 이점을 보여주는 훌륭한 예다. 유연한 모듈식 디자인으로 공간 부족 문제를 해결하여 다목적 스포츠 코트, 카페와 러닝 트랙을 제공한다. "이건 건물 그 이상이에요. 사회 기반 시설 덕분에 이웃 범죄가 30% 감소했고 수천 명의 아이들이 다시 학교로 돌아갈 수 있었어요"라고 브릴렘버그는 말한다. "이것은 도시의 작은 규모에서의

이전 페이지들: 어반 싱크 탱크는 알프레도 브릴렘버그와 후베르트 클룸프너가 설립한 여러 분야에 걸친 디자인 회사이자 연구실이다. 브라질 상파울루에 있는 그로탕 커뮤니티 센터 Grotão Community Center 는 진흙 사태로 인해 파괴된 장소에 대체하여 세워졌다.

왼쪽: 임파워 섀크 Empower Shack는 임시 거주지 주민들에게 저렴한 주택을 제공하는 주택 프로토타입으로 건물 색상이 화려한 프로젝트이다.

오른쪽 위: 이 계획은 남아프리카 공화국의 케이프타운에 있는 칼리차 Khayelitsha의 지역 공동체와 협력하여 만들어졌다.

오른쪽 아래: 여러 배치의 프로토타입이 있지만, 침실은 보통 2층에 있다.

주택 부족, 위생 문제, 공공 레크리에이션 장소나 교통수단 부족 등의 문제가 해결됐어요. 그래서 우리는 저가 주택, 건식 화장실, 도시형 케이블카, 수직 체육관을 제안했어요. 이것은 건강에 엄청난 영향을 줬습니다.

— 알프레도 브릴렘버그

왼쪽: 카라카스에 있는 조립식 수직 체육관은 공공 레크리에이션 시설의 이점을 보여주는 좋은 예다.

오른쪽: 이 장소는 나라에서 가장 큰 종합 스포츠 시설이며 이 지역의 범죄율을 낮추는 데 도움을 줬다.

지능적인 구조와 사람 중심의 디자인을 어떻게 하는지에 관한 것입니다."

우리가 구축된 환경을 설계하고 이용을 허용하거나 거부하는 방식은 공중 보건, 경제적 모빌리티 및 삶의 질에 중대한 영향을 미친다. 건설 과정에 지역 사회를 참여시키는 것은 포용성을 개선하는 분명한 방법이다. 브릴렘버그는 "98%의 현지 인력으로 임파워 섀크를 만들었다"고 말한다. 이 프로젝트는 임시 거주지 주민들에게 저렴한 주택을 제공하기 위해 남아프리카 공화국의 케이프타운에 있는 칼리처의 지역 공동체와 공동으로 설계하여 진행 중인 주택 프로토타입이다. "장기적인 목표는 주택 정책의 변화에 영향을 주고 임시 거주자들에게 필요한 다양성과 주택에 대한 기회를 제공하는 것이었다"고 그는 설명한다. 또한 커뮤니티 워크숍, 재생에너지 실천, 물관리 훈련 등 생계 프로그램을 통합해 주민들의 경제적, 사회적 가능성을 넓힌다. "지역사회의 도움으로 우리는 성공적으로 이 프로젝트를 실행했습니다"라고 브릴렘버그는 말했다. 그러나 국제적인 수준에서 이러한 상황을 어떻게 다루느냐가 더 큰 시험이다. 그는 "이러한 문제들은 지역성에 뿌리를 둔 것이 아니라 보편적이다"라고 말한다. "카라카스는 어디에나 있어요. 우리는 우리의 교훈을 전 세계에 전할 필요가 있습니다."

그렇다면 더 포괄적이고 접근하기 쉬운 공간을 만들기 위해 도시들은 베네수엘라로부터 무엇을 배울 수 있을까? "주택은 첫 번째 방어선"이라고 브릴렘버그는 주장한다. "우리는 개별 건물이 아닌 도시 전체의 집합체를 고려해야 해요. 그런 의미에서 디자이너들은 그들의 자아를 포기할 필요가 있어요." 건축가는 해답이 주거를 넘어 하이브리드 사고에 있다고 단언한다. "이것은 세계 평화의 미래를 위한 열쇠"라고 그는 말한다. "우리는 서로의 언어를 말하고 서로의 문화와 입장을 받아들일 수 있는 방법을 찾아야 해요. 우리는 이민자들을 배제해서는 안 돼요. 우리는 하나의 도시화된 지구에서 살아야 하고, 국경은 열려 있어야 합니다." 브릴렘버그는 공식적, 비공식적 사이에 계급 제도가 없는 다중 언어와 다문화적인 경험을 가능하게 하면서 "모든 것을 한데 묶는" 사회를 보기 원한다. "여러분의 도시가 동일화된 비전을 가져서는 안된다는 걸 인식하세요. 그것은 만국 공통어에 심어져야 해요. 파랑골레는 제가 구상하는 개념이자 미래이며, 이것은 기존의 모든 도시의 DNA 속에 구축될 수 있습니다." •

왼쪽: 카라카스 메트로 케이블은 언덕 꼭대기 빈민가의 바리오 주민들을 위해 도심에 있는 직장과 학교 수업에 교통수단을 제공한다.

오른쪽: 이것이 발명되기 전에는 주민들이 매일 가파른 계단을 오르내리는 데 몇 시간이 걸렸다.

어반 싱크 탱크

야스민 라리

Yasmeen Lari

파키스탄 최초의 여성 건축가인 야스민 라리*Yasmeen Lari*는 기념비적인 기업의 건축물부터 홍수가 잦은 시골 마을의 인도주의적 작업에 이르기까지 교육과 간단한 디자인 개입이 어떻게 지역사회가 더 나은 삶을 살 수 있도록 힘을 실어줄 수 있는지 보여주었다.

파키스탄의 가장 큰 도시 카라치Karachi에 있는 금융 무역 센터Finance and Trade Center는 거대한 상업적 기념물로 세워져 있다. 서로 연결된 블록들로 엇갈려 있는 파사드가 시각적으로 위엄있는 건축물을 만든다. 멀지 않은 곳에 석유회사의 본사 역할을 하는 거대한 콘크리트 건물인 파키스탄 국영 석유회사Pakistan State Oil House가 있다. 두 유명한 장소 모두 건축가이자 인도주의자인 야스민 라리에 의해 1980년대에 설계되었다. 뛰어난 디자인으로 많은 찬사를 받았음에도 불구하고, 라리가 인도주의의 사회 정의 작업으로 초점을 옮긴 것은 이 시기였다. "'이 정도면 됐어'하는 생각이 든 때가 왔었어요."라고 그녀는 말한다. "배운 것을 잊어야 하는 단계였어요. 파키스탄에서 건축가로서의 사고방식을 바꿔야 했습니다. 저는 빈곤 수준이 매우 높은 나라 출신이기 때문에 제가 디자인을 해주는 사람들에게 좀 더 공감할 필요가 있다고 느꼈습니다."

이러한 접근 방식은 2005년 북부 파키스탄을 강타한 파괴적인 지진으로 인해 8만 명 이상이 사망하고 40만 가구 이상의 실향민들이 생겼을 때 극에 달했다. 라리는 "지금까지 일어난 사건 중 가장 비극적인 사건 중 하나였다"고 말한다. "파키스탄의 다른 모든 사람들처럼 저도 그곳에 있어야만 했어요." 2000년에 은퇴했음에도 불구하고, 라리는 그녀가 할 수 있는 모든 방법으로 도와야 할 것 같았고, 이것은 건축가로서 집을 다시 짓는 것을 의미했다. 자금이나 인력이 전혀 없는 상태에서, 지역 및 국제 자원봉사자들의 도움에 응한 그녀는 4만 채의 집을 더 안전하게 재건하기 위해 토속적 원칙에 따라 그들을 훈련했다. "우리는 가장 유용하고 널리 쓰이는 흙, 석회, 대나무를 사용했어요"라고 그녀는 말한다. "게다가, 그것들은 엄청난 우수함을 가지고 있어요. 대나무는 탄소를 격리하고 라임은 공기 중의 탄소를 흡수합니다." 게다가, 라리에게 무탄소 건축물은 재난의 영향을 받은 사람들에 의해 지어지는 것이 중요했다. 사람들이 그들 스스로 상황을 개선하는 법을 배울 때, "그들이 자립할 수 있도록 힘을 실어주는 의미"라고 그녀는 말한다. "우리는 정말로 우리의 지식을 다른 사람들과 공유할 필요가 있어요. 그들에게 접근성을 제공하기 위해서 말이죠."

이러한 정신은 라리가 남편과 함께 설립한 인도주의적 지원 단체인 파키스탄 헤리티지 재단Heritage Foundation of Pakistan의 핵심인 "맨발의 사회적 건축barefoot social architecture" 철학의 기반을 형성한다. 그것은 건축이 우리의 자연환경에 최대한 가볍게 발을 딛는 것을 목표로 해야 하며, 소외된 지역사회에 사회적, 생태학적 공정성을 제공해야 한다는 아이디어와 연관됐다. 신드주Sindh에는 2010년과 2011년 연이은 홍수로 수천 명의 이재민이 발생했고 대피소가 필요했다. 라리의 대응은 기둥 위에 진흙 벽과 튼튼한 대나무 지붕으로 만들어진 지역 센터와 여성 쉼터를 협동하여 짓는 것이었다. 그 건축물들은 몇 년 동안 더 많은 홍수를 견뎌냈다. "저의 좌우명은 '저비용low cost, 무탄소zero carbon, 제로 웨이스트zero waste'에요. 하지만 '제로 비용zero cost'도 될 수 있길 바랍니다"라고 그녀는 말한다. "우리는 사람들이 스스로 할 수 있도록 도와야 합니다."

헤리티지 재단은 재난 구호 외에도 마을 주민들에게 현지에서 판매할 수 있는 아이템과 필수품을 만들기 위한 교육 프로그램과 강좌를 제공한다. "이것은 단순히 건물을 짓는 것 이상이에요"라고 라리는 설명한다. "이곳엔 맨발의 생태계barefoot ecosystem, 맨발의 시장barefoot market 전체가 있습니다." 각 마을은 테라코타 보도블록과 대나무 가구에서부터 비누와 유약을 바른 세라믹 카시Kashi 타일에 이르기까지 대부분 유기농 재료를 사용하여 다양한 제품을 개발할 수 있다. "만약 그 상품들이 현지에서 팔리고 충분히 경제적이면, 모든 사람들이 구매할 수 있고, 이 사람들의 삶의 질이 향상될 수 있어요"라고 그녀는 말한다. 파키스탄 도시들 중 거의 50%가 임시 거주지인데, 이것은 1억 명의 사람들이 빈곤 수준 이하로 사는 것과 같다. "채워져야 할 충족되지 않은 수많은 요구들이 있어요"라고 그녀는 말한다. "이것이 제가 맨발의 사회적 건축으로 시도하려 했던 것입니다. 적어도 사람들에게 자부심과 자존감을 돌려주기 위해서요."

이전 페이지들: 야스민 라리는 간단한 디자인 개입을 통해 소외된 지역사회를 위한 사회적, 생태적 공정성을 옹호한다. 파키스탄 마클리 Makli에 있는 무탄소 문화센터 Zero Carbon Cultural Center에서 마을 사람들은 지역 공예 훈련을 받는다.

왼쪽: 파키스탄 카라치에 있는 국영 석유회사. 라리는 1991년에 이 건물을 디자인했다.

오른쪽 위: 단 위에 올려진 출라 chulah 덕분에 먼지, 빗물 등으로부터 더 안전하게 음식을 준비할 수 있다. 출라는 사교의 장소도 된다.

오른쪽 아래: 파키스탄 마클리에 있는 무탄소 문화센터.

이것의 가장 좋은 예는 여성들에게 위생적이고 연기가 나지 않는 토기 난로를 만드는 법을 가르치는 출라 프로그램chulah program이다. 파키스탄의 일부 지역에서는 다섯 가구 중 네 가구가 깨끗하고 안전한 요리 환경에 접근할 수 없는 것으로 비영리단체 월드 해비타트World Habitat는 추정한다. 일반적으로 나무를 태워 불을 피우는 바닥 위 난로에서 요리하게 되는데, 이것은 쉽게 오염될 수 있고 심각한 호흡기 감염을 일으킬 수 있다. 홍수로부터 안전하게 보호하고 질병을 예방하기 위해, 라리는 난로를 둘러쌓아 단상 위로 올리는 아이디어를 냈고, 이는 음식 준비를 더 깨끗하고 안전하게 만들 수 있도록 큰 영향을 미쳤다. "여자들은 이제 아주 자신 있게 요리를 하고 있어요. 그들이 말하듯 이른바 왕좌에 앉아 있죠. 그들을 내려다보던 사람들은 그들을 더 많이 존중해줍니다. 그들의 지위가 향상되었어요"라고 그녀는 말한다. 또한 "단상은 멋진 사교 공간을 제공합니다." 이 프로그램이 개시된 이후, 7만 개 이상의 출라가 만들어졌다. "수월하게 50만 명의 사람들이 그것으로부터 혜택을 입는다는 것을 의미합니다"라고 그녀는 말한다. 이것은 라리가 가장 자랑스러워하는 결단이며, 아주 간단한 디자인 개입도 전면적인 사회 변화를 일으킬 수 있다는 것을 훌륭히 상기시킨다.

건축이 남성 지배적인 산업이라는 사실에도 불구하고, 라리는 여성의 요구를 이해했기 때문에 성공을 거두었고 파키스탄에 지속적인 영향을 주었다. "우리가 할 수 있는 어떤 방법으로든 여성의 지위를 높여야 합니다. 우리가 그렇게 하지 않으면 국가는 발전할 수 없어요"라고 그녀는 말한다. 그리고 시골 지역 사람들, 특히 여성들에게 접근성을 제공하는 것에 어려움이 있는 것은 사실이지만, 전 세계의 도시들은 라리의 계획으로부터 배울 수 있을 것이다. "건축가들은 그들의 건물의 탄소 발자국을 줄여야 합니다. 그들은 현재 가해지고 있는 파괴를 이해하지 못해요"라고 그녀는 말한다. 전 세계 모든 탄소 배출량의 40%가 건설 산업으로부터 나오고 있는 가운데 우리가 설계 방식을 수정하지 않는다면, 지구에 훨씬 더 큰 피해를 입힐 것이라고 라리는 주장한다. 그녀는 전반적인 건축 산업이 그녀의 방법과 천연 재료 사용으로부터 단서를 얻을 수 있다고 믿는다. "대부분 그렇지만 1%를 위해 일하는 건축가들은 흙, 석회, 대나무 등을 사용하여 굉장한 건물을 지을 수 있습니다. 왜 안 되겠어요? 이제는 사고방식이 바뀌어야 해요." •

왼쪽: 라리가 강조한 지역 재료와 지속 가능한 구조물은 초가지붕의 조립식 대나무 패널 쉼터를 통해 볼 수 있다.

오른쪽: 신드주에 있는 대나무로 만든 여성 센터. 라리는 2011년 연이은 홍수 후에 이 센터를 디자인했다.

새로운 의미를 가지는 "모델 빌리지"라는 용어

프로토타입 커뮤니티를 구축하여 저렴한 가격의 주택 설계 가능성을 보여주는 방법.

아판 주택 연구소
Apan Housing Laboratory
MOS
멕시코, 아판
Apan
2019

멕시코 이달고 *Hidalgo*의 아판 변두리의 웰컴센터 옆에는 이웃마다 매우 다르게 생긴 32채의 신기한 집들이 있다. 이곳은 아판 주택 연구소다. 모든 집이 특별하지만 사실 공통된 주제를 갖고 있다. 뉴욕 건축회사 MOS가 주도하고 멕시코의 국립근로자주택기금 *National Workers' Housing Fund Institute*(근로자들의 주택을 개발하는 연방회사로 보통 INFONAVIT로 알려져 있음)이 후원하는 프로젝트 일부는 각각의 건물들이 멕시코의 저소득 근로자가 양질의 주택과 개선된 생활 환경에 어떻게 접근할 수 있는지를 보여주는 프로토타입이다. 32명의 건축가와 스튜디오는 여러 가지 방법으로 이를 달성했다. 어떤 이들은 새로운 시공 공법을 사용한다. 다른 이들은 절수 시스템과 지속 가능한 에너지원을 이용한다. 또 다른 이들은 공간적 배열이 어떻게 웰빙에 기여할 수 있는지 고려한다. 건축가들은 국가의 저렴한 주택 부족 문제를 해결하기 위해 대량으로 쉽고 저렴하게 재생산할 수 있는 디자인을 연구하였다. 그리고 멕시코의 아홉 가지 기후대에 각각 적합하도록 만듦으로써, 장기적인 목표는 이 디자인을 전국적으로 배포하는 것이다.

왼쪽: 아판 주택 연구소는 멕시코 아판에 위치한 저렴한 사회주택 프로젝트다.

오른쪽: 프로토타입 주택 중 엑시덴탈 건축회사가 만든 한 곳의 내부 모습.

저렴하고 지속 가능하며 살고 싶은 보급형 주택

이전에 간과되었던 도시 지역에 일회성 스타터 홈을 만들기 위해 단점을 장점으로 바꾸는 OJT.

스타터 홈*
*Starter Home**

조너선 테이트 건축회사(OJT)
Office of Jonathan Tate

미국, 루이지애나주 뉴올리언스
New Orleans

2017

우리 중 대부분에게 "스타터 홈"이라는 단어는 단조롭고 대량으로 만들어지는 교외 거주지의 이미지를 떠올리게 한다. 조너선 테이트 건축회사(OJT)에서 개발하여 뉴올리언스 인근 지역 아이리시 채널 *Irish Channel*에서 이미 시행한 프로젝트에서는 그렇지 않다. 이름에 별표가 포함된 스타터 홈* 프로젝트는 보급형 도시 주택의 근본적인 변화를 보여준다. 여기서 초점은 고밀화다. 즉, 이미 구축된 지역에서 간과됐거나 방치됐거나 빈 부지를 메운 공간을 의도적으로 찾는 것이다. 이런 유형의 현장에는 예를 들어 드물게 좁은 땅을 최대한 활용하는 방법이나 현지 건축 제한에 대한 실질적인 대응 방법이 항상 당면과제로 대두된다. 그러나 대개 이러한 매개변수가 배치, 구조 및 자재를 결정지으므로 특정 현장 조건에 맞는 고유한 맞춤 주거지의 결과를 만들어낸다. 창고와 유서 깊은 이호 주택*two-family home* 사이에 끼어 이웃 건물 뒷마당에 지어졌던 스타터 홈* 1호가 이런 케이스였다. 주택 1호의 특징은 지역 높이 규정을 준수하기 위해 도로와 마주 보는 1층에서 뒤편의 3층으로 지그재그로 이어지는 지붕선이다.

스타터 홈* 프로그램은 젠트리피케이션을 경험하는 이웃에게 더 많은 경제적 다양성을 가져다주고 더 많은 사람이 접근하기 쉬운 주택 소유 기회를 제공하는 데 도움을 줄 수 있다.

왼쪽: 지그재그 모양의 지붕이 있는 높고 좁은 주택은 처음 주택을 소유하는 사람들에게 새로운 기회를 제공한다.

오른쪽: 이 프로젝트는 급격한 젠트리피케이션을 경험한 이웃들의 경제적 다양성을 증진하고자 한다.

스타터 홈˚

세계 고대 도시로의 길 닦기

3000년 된 도심에 쉬운 길 찾기와
포용성을 가져오는 방법.

예루살렘 구시가지
Old City Jerusalem

이스트 예루살렘 개발 회사
East Jerusalem Development Company

이스라엘, 예루살렘
2019

유대교, 기독교, 이슬람교에 신성한 주요 유적지가 가까이 있는 예루살렘 도시는 접근성과 포용성 문제에 민감하게 접근해야 한다. 현재 이 구시가지가 관광객들과 4만 명의 주민들에게 더욱 매력 있고 쉽게 접근할 수 있는 곳이 되기 위한 중요한 단계로, 설계자들은 구시가지의 아주 오래된, 좁고 자갈이 깔린 2.5mi(4km)의 거리를 고치고 휠체어 사용자들과 유모차를 미는 사람들이 쉽게 가로지를 수 있는 완만한 보도와 골목을 도입했다. 구시가지의 아르메니아인, 기독교인, 이슬람교인 구역의 거의 90%를 재설계한 이 프로젝트는 약 15년이 걸렸고 거의 550만 달러의 비용이 든 거대한 사업이었다. 그중에서도 예루살렘 문화유산부, 관광부, 그리고 예루살렘 지방자치제의 접근성 부서*accessibility department*로부터 기금이 들어왔다. 유네스코 세계문화유산을 보존하기 위한 엄격한 지침을 준수하면서, 도로의 구간을 평평하게 하고, 경사로를 설치하고, 난간을 고쳐서 계단을 오르내리기에 더 안전하도록 만들었다. 물리적인 인프라 변경 외에도, 이 재설계에는 사용자가 구시가지 전역에서 이용 가능한 경로를 짤 수 있는 무료 전화 앱인 '액세서블 JLM-Old City *Accessible JLM-Old City*' 구축도 포함되었다.

왼쪽: 예루살렘 구시가지는 이제 휠체어 사용자들이 더 접근하기 쉬워져 도시의 역사적, 문화적 측면을 즐길 수 있게 되었다.

오른쪽: 재설계를 마치는 데 15년이 걸렸다. 이 유네스코 세계문화유산은 이스라엘에서 가장 많은 방문객이 찾는 곳이다.

아프리카 시골에 있는 지혜의 집

더 넓은 지역사회가 교육과 지식을 접할 수 있도록 종교 건물을 복원하는 방법.

히크마: 종교와 세속의 복합건물
Hikma: Religious and Secular Complex

아틀리에 마소미 + 스튜디오 차하르
Atelier Masōmī + Studio Chahar

니제르, 단다지
Dandaji

2018

니제르 서부의 단다지 마을은 인구가 3,000명이고 계속해서 증가하고 있지만 문맹률은 높다. 교육을 통해 지역 주민들에게 힘을 실어주기 위한 노력으로, 단다지의 버려진 모스크는 도서관으로 탈바꿈했다. 이 프로젝트는 세속과 종교가 평화롭게 공존하며 정신을 수양하고 공동체를 강화하는 문화를 고취하는 이슬람 고대 학자들의 철학을 수용하고자 한다. 도서관은 지역 사회의 모든 구성원들을 위해 책, 컴퓨터실, 그리고 학습 공간을 제공한다. 이전에는 지역 여성들이 집에서 기도하는 것을 선호했지만, 건축 회사인 아틀리에 마소미와 스튜디오 차하르는 설계 과정에서 지역 여성 단체와 협력하여 성인 문맹 퇴치, 회계 강좌, 워크숍 및 공동체 회의를 위한 추가 공간을 마련했다. 이 도서관은 새 모스크 바로 옆에 있어서 마을 사람들이 매일 다섯 번의 기도 중 한 번을 참석하며 도서관과 모스크 사이에 끊임없는 이동이 있다. 그것은 지식과 기도의 추구를 통하여 의식과 습관이 마을 생활에 새로운 리듬을 만드는 것을 보여주는 물리적인 연결이다.

왼쪽: 복합건물에는 천 명을 수용할 수 있는 모스크와 예배 공간, 도서관, 교실, 독서 및 학습 공간 그리고 정원이 있다.

오른쪽: 건물은 주로 현장 근처에 있던 흙을 압축해서 만든 벽돌로 지어졌다.

접근성이 좋은 도시

왼쪽 아래: 회사는 지역 여성들을 설계 과정에 참여시켜 문맹 퇴치 수업, 회의 및 워크샵을 위한 추가 강의실을 만들었다.

위: 건설에 사용된 자재는 현장에서 3mi(5km) 도 안 되는 거리에서 조달되었다.

오른쪽 아래: 자연통풍이 가능하도록 단지 전체에 대규모의 식물을 심었다.

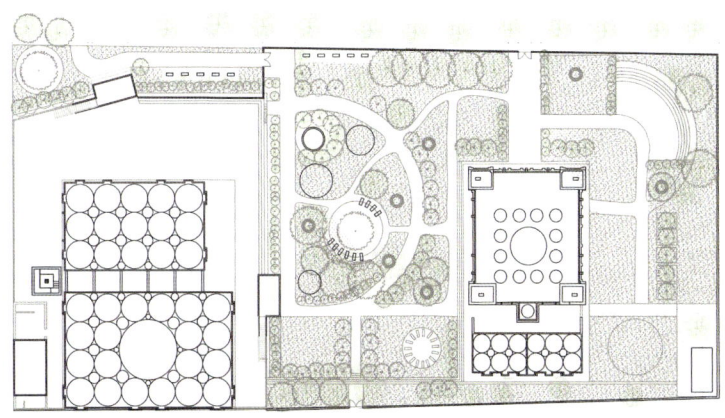

95   히크마: 종교와 세속의 복합건물

왼쪽 위: 전통적인 인테리어에 현대적인 느낌을 주는 부분은 천장 같은 곳에서 발견할 수 있다.

왼쪽 아래: 도서관이 새로운 모스크와 가까이에 있어 지역사회의 여성들이 쉽게 이용할 수 있다.

오른쪽: 콘크리트 사용은 최소로 제한되며, 기둥이나 상인방 같은 구조 요소에서만 볼 수 있다.

카이로를 밝히는
생동감 있게 살아있는 랜드마크
지역사회에 힘을 돌려줄 수 있는
문화적 건물을 짓는 방법.

다와르 엘 에즈바 문화센터
Dawar El Ezba Cultural Center

아마드 호삼 사판
Ahmed Hossam Saafan

이집트, 카이로
Cairo

2019

카이로의 가장 큰 임시 거주지 중 하나인 에즈베트 카이랄라*Ezbet Khairallah*의 대부분이 벽돌로 지어진 빽빽한 거리 속에서 다와르 엘 에즈바 문화센터는 등대처럼 밝게 빛나며 지역 사회 구성원들을 이곳의 문으로 이끈다. 인근 건물들과 극명한 대조를 이루는 이 건물은 햇빛처럼 노란 파사드, 경사진 지붕, 그리고 장난스러운 창문으로 두드러져 보인다. 이 건물은 카이로에 본부를 둔 건축가 아마드 호삼 사판의 작품이며, 그의 공동체 건축 설계는 환경과 사회적 어려움에 직면한 사람들의 요구에 대한 깊은 이해를 반영한다. 이 건물은 지역사회의 삶을 향상시키는 중심 역할을 한다. 그 중심에는 이주자, 난민, 이집트 여성들에게 일자리를 제공하는 부엌과 워크숍, 수업, 문화 행사가 열리는 극장 공간이 있다. 미술 스튜디오와 단순히 모이기 위한 공간도 있다. 사판의 디자인은 지역의 많은 목재와 금속 공방을 이용하는데, 이것은 함께 포함된다는 느낌을 만들고 지역 경제에 기여한다. 이 센터는 사람들을 위해, 사람들에 의해 지어졌다. 사판의 희망은 그의 디자인이 정착지 안팎의 다른 문화적 시도에 영감을 주며 지역사회에 활력을 불어넣고 힘을 실어주는 모범이 되는 것이다.

왼쪽: 카이로에서 가장 인구가 많은 임시 거주지 중 한 곳에 있는 노란색 문화 센터가 멀리서도 밝게 눈에 띈다.

오른쪽: 이 건물은 공동체 예술, 수업, 그리고 사회적 상호작용을 위한 독립적인 장소로 존재한다.

왼쪽: 건물은 현장 근처에서 찾은 자재로 지어졌다. 나무 마감재와 물결 모양의 강판이 특징이다.

오른쪽 상단: 건축가는 창의성을 위한 편안한 환경을 조성하는 공간을 만드는 것을 목표로 했다.

오른쪽 아래: 강판 외관은 모두를 환영하는 활기찬 문화센터를 만들기 위해 짙은 노란색으로 칠해졌다.

다와르 엘 에즈바 문화센터

청정에너지 이용의 민주화

필요에 따라 재생 가능한 에너지를 거래하고 자급자족하는 지역사회 주도의 마이크로 그리드를 구축하는 방법.

햇빛은 세계에서 가장 풍부한 에너지원이며, 솔라빌은 전 세계 지역사회에 저렴한 태양 에너지를 제공하는 제안이다. 전 세계 인구 네 명 중 한 명이 전력망에 거의 또는 전혀 접근할 수 없는 상황에서 스페이스10은 전통적인 그리드를 보완하고 공유를 기반으로 하는 모델을 제안한다. 건축가 테오 삭스와 안데르스 뇨트베이트가 설계한 솔라빌은 BLOC이 만든 블록체인 거래 플랫폼을 사용하고 1:50 스케일로 지어진 미니어처 목조 마을로 청정에너지를 민주적으로 사용하는 방법을 보여준다. 솔라빌에서 어떤 집은 태양 전지판을 사용하여 그들의 재생 가능한 에너지를 생산하는 반면, 어떤 집은 자동으로 다른 집으로부터 여분의 전기를 산다. 각 주택은 마이크로 그리드를 이용해 연결되며, 블록체인 기술이 태양 에너지 분배를 위한 안전한 탈중앙화 거래 플랫폼을 제공한다. 에너지 빈곤 속에 사는 사람들에게 권한을 부여하는 데 도움이 될 수 있는 저렴한 에너지 솔루션 모델인 솔라빌은 나이로비에서 델리까지 정책 입안자들을 참여시키는 데 사용되어 왔으며, 재생 에너지를 더 많은 사람들이 더 쉽게 접근할 수 있도록 하는 대화를 촉발했다.

솔라빌
SolarVille
스페이스10 + 테오 삭스 + 안데르스 뇨트베이트
SPACE10 + Theo Sachs + Anders Nottveit
콘셉트
2019

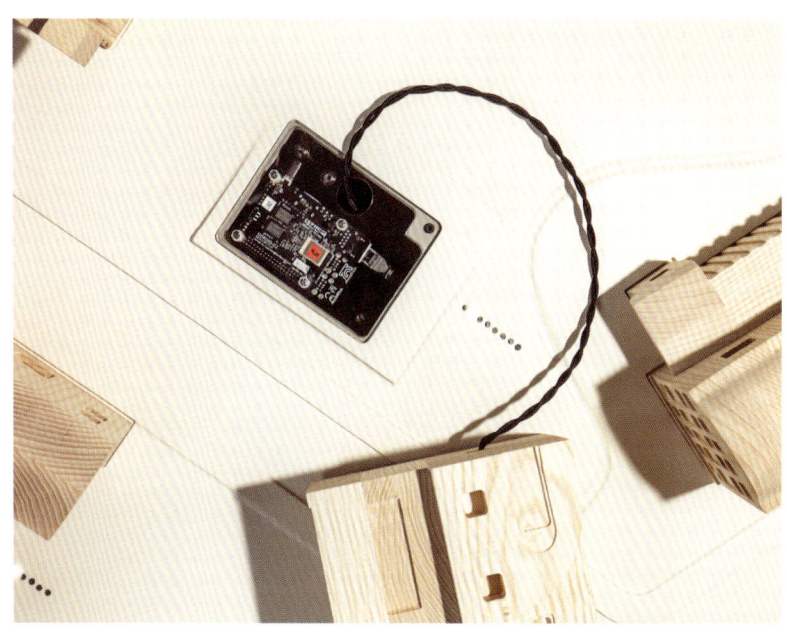

오른쪽 위: 솔라빌은 작은 태양 전지판이 있는, 나무로 만든 작은 마을이다. 솔라빌의 에너지 시스템은 실제로 작동한다.

왼쪽: 스페이스10의 목표는 복잡하고 고도로 기술적인 프로젝트를 이해하기 쉬운 것으로 바꾸는 것이었다.

오른쪽 아래: 블록체인 기술을 통해 가정은 다른 가정에서 발생하는 과잉 전력에 접근할 수 있다.

솔라빌

3 공유하는 도시

공유하는 도시는 공동체 의식, 협동심, 그리고 연대감을 독려한다. 공공시설, 공공 공간, 공유 오피스 및 공유 주거와 교통수단을 통해 사회적 상호작용이 일어나도록 한다. 또한 기술 공유, 공유 이동 수단이나 유의미한 사회적 연결을 장려하는 계획과 같은 무형 자원이 모일 수 있도록 한다.

공유할 수 없는 것은 별로 없다

"도시가 사람이다"는 새로운 도시주의자들의 슬로건이 되었다. 이는 우리 도시의 가장 큰 자산을 강조하는 것뿐만 아니라 무엇에 성패가 달려있는지도 보여준다. 물론, 도시에 건물, 거리, 공원이 있어야 하지만, 거주할 사람이 아무도 없다면 도시의 목적은 없다.

도시는 자원들을 쉽게 모을 수 있는 밀도와 규모를 가지고 있고, 기술에서 예술에 이르는 모든 것에서 혁신을 촉진하기 위한 다양한 아이디어와 방법에 사람들을 노출하며, 이용할 수 있는 많은 서비스를 제공한다. 그리고 좋은 기회를 만드는 효율적인 자원 사용 방법을 찾는다. 이런 의미에서 공유는 어디서나 일어난다.

이상적인 도시는 이런 장점을 이용해 주요 이슈들을 다룰 수 있다. 예를 들어, 우리가 건설하고 살아가는 방식을 변화시켜 우리의 탄소 발자국을 감소시키고, 공동체 의식을 강화해 열악한 정신 건강과 외로움을 해소하고, 공유 시설과 재정 및 기술을 활용하여 삶의 질을 향상시킬 수 있다.

도시가 행해 온 좋고 나쁜 중대한 역할을 들여다보지 않고서 인류 성취의 역사를 생각하기란 불가능하다. 나눔의 가치는 우리에게 도시가 얼마나 필요한지 보여준다. 도시가 사람이고, 사람도 역시 도시이다.

"우리가 공유할 때는 지리적 근접성이 매우 중요해요. 어떤 자산이든지 공유하기 위해서는 인구 밀도가 높아야 합니다"라고 집카Zipcar의 공동 설립자인 로빈 체이스Robin Chase는 말한다.

도시 생활의 초석이기는 하지만 나눔은 여전히 발전하는 개념이다. 우리는 그 어느 때보다도 집, 자동차, 사무실 그리고 그 밖에 많은 것들을 기꺼이 공유하려 한다. 소유권에 대한 우리의 집착도 약해지고 있다. 공유하는 도시에서는 물질적 축적보다는 정서적, 육체적 웰빙을 우선시한다. 우리는 개인의 소유보다 공동의 이용을 선호한다.

이상적인 도시는 사람들을 하나로 모으도록 설계되었으며, 공유의 거대한 힘에 의존하면서 동시에 이를 보여주는 공동생활의 장이다. 그리고 사람들이 자원, 기술, 재정, 에너지와 이동수단을 공유하는 것을 돕는다. 상호 작용을 가능하게 하는 활동과 계획을 제공하고, 다양한 문화와 나이, 종교, 언어를 가진 사람들을 연결하는 공동 주택, 이웃과 공공 공간을 우선시한다. 이상적인 도시에서 공유는 광범위한 도시계획의 결정부터 아파트 안마당에서 일어나는 일, 심지어 여러분의 방 안과 핸드폰 애플리케이션까지 모든 수준에서 고려된다.

왼쪽: 베타BETA가 설계한 네덜란드 암스테르담에 있는 3세대 주택3 Generation House의 남쪽 파사드.

오른쪽: 세계의 선도적인 차량 공유 체계 중 하나인 집카는 운송 사업가 로빈 체이스에 의해 설립되었다.

커뮤니티 구축하기

성공적인 도시가 어떤 느낌인지 묘사할 때, 전 뉴욕시 도시계획가인 아만다 버든Amanda Burden은 그것을 멋진 파티에 비유했다: "사람들은 즐거운 시간을 보내고 있기 때문에 머무른다."

이상적인 도시는 우리가 무언가 더 크고, 함께 만들어진 것 같은 것에 속해 있다고 느끼는 곳이다. 그곳엔 공동체 의식, 연대감, 참여 의식이 있다. 공적으로든 개인적으로든 당신이 참여하길 바라고, 접근 방식도 다양하다.

예를 들어, 시티툴박스CityToolBox는 단절된 커뮤니티를 통합하는 도구를 제공하는 동시에 교통 혼잡, 녹지 부족 및 버려진 공공 공간과 같은 도시 문제에 대해 조치를 취하는 온라인 플랫폼이다. 시티툴박스는 웹사이트를 통해 커뮤니티 조직원들이 팝업 박물관부터 사교적인 식사 컨셉, 해커톤에 이르기까지 성공 사례를 공유하고 주요 단계를 설명할 수 있도록 한다. 그러면 자연적으로 커뮤니티를 형성하게 된다. 최종 선정된 시티툴박스 사례 연구에는 프로젝트를 개발하고 실행한 사람들의 연락처가 포함되어 있다. 연락을 취해 정보원으로부터 직접 조언을 받으면 된다.

이 플랫폼은 커뮤니티 구축 노하우를 공유하는 데 있어 디지털 공간의 가치를 강조한다. 중요한 것은, 각각의 프로젝트가 우리가 왜 이곳을 "공공" 공간이라고 부르는지 상기시켜준다는 것이다. 거리와 공원은 우리의 것이고, 우리는 모두 공공의 이익을 위해 그것들을 차지할 권리가 있다. 인도 치트퍼Chitpur에 있든, 그리스 할키다Chalkida에 있든 말이다.

크로아티아 리예카Rijeka에서는 시티툴박스 프로그램이 젊은이들에게 도시에서 행동으로 옮기도록 장려하고 있다.

행동은 상호작용이 필요하다

공동체가 항상 그곳에 원래부터 있는 것은 아니다. 공동체는 만들어지고, 돌보고, 유지될 필요가 있다. 여기에는 행동, 더 정확하게는 상호 작용이 필요하다. 그것은 물리적이거나 디지털일 수 있지만, 공유하는 도시는 늘 공동체를 성장시킬 수 있는 방법을 찾는다.

다행히도, 도시의 모든 공간은 더 나은 상호작용을 일으키도록 설계될 수 있다. 도시공원이 커뮤니티 오븐을 갖추거나 도서관이 공공 리허설룸과 팟캐스트 스튜디오를 열 수도 있다. 이런 공간들은 공공으로 사용이 가능할 뿐만 아니라, 정기적으로 이용하도록 장려하는 편의시설을 제공하며, 다양한 사람들과 용도에 맞게 설계되었다. 종종 작고 유연하여 필요한 곳으로 쉽게 이동할 수 있다. 예를 들어 문맹률이 높은 인도네시아에서는 건축 회사 샤우 인도네시아SHAU Indonesia가 마이크로도서관microlibrary 컨셉을 선보이며 작은 지역사회에 학습과 교습을 위한 책을 보급하고 있다.

공유 주거로 돌아가기

공동체는 공공장소에만 속하지 않는다. 우리의 사무실과 집도 공유 오피스와 공유 주거를 위해 개조되고 있다. 이러한 공유 생활 및 작업 공간은 규모의 경제를 활용함으로써 이용자에게 사회적, 경제적 이점을 제공한다.

네덜란드 스튜디오 베타BETA의 3세대 주택3 Generation House을 예로 들어보자. 2018년에 완공된 이 집은 3대가 누구의 사생활도 침해하지 않고 한 지붕 아래에서 함께 살 수 있는 집이다. 네덜란드에서 제2차 세계대전 이후까지 흔히 볼 수 있었던 다세대 주거는 복지국가가 들어서면서 사라진 제도이다. 하지만 이 제도는 아이들을 돌볼 사람들을 더 늘리고, 맞벌이 부모들의 부담을 덜어주고, 노년의 외로움을 덜어주는 등 모든 사람들에게 혜택을 준다.

모빌리티를 공공 서비스화하기

이상적인 도시는 단순한 공간 이상의 것을 공유한다. 서비스, 기술, 재정, 교통, 에너지를 공유하며 공공의 이익에 맞춰진 소유와 접근의 모델을 사용한다.

공유경제에서 큰 성공을 거둔 집카는 우리가 한때 필수 자산으로 여겼던 것을 서비스 사용에 따른 비용 지급으로 다르게 생각하기 시작했다는 것을 증명한다. 가장 중요한 혜택은 금융이다. 로빈 체이스는 "우리는 물품 관리 비용, 정신적 비용, 물리적 공간에 대한 비용을 과소평가한다. 왜냐하면 우리는 이런 것들을 소유해야 한다고 생각하기 때문이다"라고 말한다.

낭비 최소화하기

공유는 자원을 더 효율적으로 재분배하고, 낭비를 최소화하며, 가장 좋은 점은 경제적 및 사회적 격차를 해소하는 데 도움이 될 수 있다.

유엔은 세계에서 생산되는 모든 음식의 약 3분의 1인 약 13억t이 저녁 식탁에 오르지 못하고 버려지는 것으로 추산하고 있다. 한편, 음식물 쓰레기는 기후 위기의 큰 원인이다. 이에 대응하여, 테크 스타트업들은 식료품점, 식당, 그리고 카페가 소비되지 않은 음식을 할인된 가격에 팔 수 있는 앱을 만들었다. 스웨덴에서 만들어진 앱 카르마*Karma*는 가전업체 일렉트로룩스와 파트너십을 구축해 사용자가 휴대폰으로 얻을 수 있는 냉장식품 픽업 포인트를 제공한다.

카르마는 소매업자들이 여분의 음식을 반값에 팔아 음식 쓰레기를 줄일 수 있는 디지털 앱이다.

나눔은 배려다

공유는 새로운 경제 동력의 핵심이다. 공유 주거와 공유 오피스부터 카르마, 집카, 에어비앤비와 같은 사업에 이르기까지 공유경제는 향후 10년 간 1,000% 성장할 것으로 예상된다.

그러나 이상적인 도시는 이 추진력을 탐욕이 아닌 좋은 방향으로 이끄는 방법을 알고 있다. 나눔은 신뢰와 공감을 형성하는 것을 돕는다. 특히 우리와 다른 사람들이 더 많이 교류할수록, 우리는 서로를 더 아끼는 법을 배운다. 삶의 질을 높이고 범죄를 줄이는 사회적 응집력부터 모빌리티와 환경을 개선하는 공공 프로젝트까지 도시를 돕는 방법에는 부족함이 없다.●

로빈 체이스

Robin Chase

로빈 체이스Robin Chase의 연구는 도시의 모빌리티를 재편하고 자원을 공유하는 방법에 대한 우리의 생각을 변화시켰다. 그녀는 더 친환경적이고 다양한 이동수단의 미래를 위한 설득력 있는 비전을 제시하며, 이는 많은 사람들의 삶에 더 많은 가치를 제공할 것이다.

미국의 교통수단 사업가 로빈 체이스는 공유 경제, 교통수단의 미래, 그리고 기후 변화 완화에 대한 선구적인 사상가이다. 체이스는 이러한 문제들이 상호 배타적인 것이 아니라 서로 연관되어 있다고 믿는다. "그것은 매우 공생적인 관계에요"라고 그녀는 말한다. "교통수단은 하루가 가능하도록 이어주는 접착제이자 기회로 가는 관문이에요. 그리고 기후 변화의 관점에서, 그것은 매우 중요한 기여입니다." 체이스의 미션은 도시들이 다양한 교통수단을 수용하고 풍부한 자산이 공유되는 경제를 구축하는 것이다. 집카Zipcar와 버즈카Buzzcar, 베니암Veniam을 포함한 그녀의 다양한 기획과 스타트업은 이 미션을 지원하고 도시에서 더 큰 모빌리티를 촉진하는 데 맞춰져 있다.

2017년, 체이스는 190개의 공공 및 민간 부문 단체로 구성된 컨소시엄의 지원을 받아 살기 좋은 도시를 위한 공유 모빌리티 원칙 Shared Mobility Principles For Livable Cities을 만들었다. 이 기획은 도시 의사 결정권자들이 안전하고 효율적이며 무공해인 모빌리티를 구축하도록 돕기 위해 고안된 10가지 원칙으로 구성된다. 10가지 원칙은 '차량보다 사람 우선', '탄소 배출 제로의 미래와 재생에너지로의 전환을 선도'와 '모든 모드에서 공정한 사용자 요금 지원'을 포함한다.

모빌리티 옹호자들과 도시계획자들은 이 원칙들을 사용해 정책 입안자들과 민간 기업들이 보다 에너지 효율적이고 공정한 교통수단을 채택하도록 할 수 있다. 우버Uber의 CEO 다라 코스로샤히Dara Khosrowshahi는 우버의 지속 가능한 모빌리티를 위한 펀드Fund for Sustainable Mobility를 어떻게 배분할지 결정하기 위해 이 원칙을 이용했다. 이 펀드는 혼잡통행료와 더 안전한 거리 설계와 같은 이슈를 지지하는 1천만 달러짜리 펀드이다. 체이스는 "이 원칙은 민간 및 공공 부문을 훌륭히 통합하며, 공동의 목표를 지지한다"고 설명했다. "이러한 원칙들이 전 세계 도시의 95%에 적용될 수 있기 때문에 성공적입니다." 다만 슬로베니아든 세네갈이든 어디에 있든 어느 곳에서나 통할 수 있는 하나의 해결책은 절대 없다.

교통수단은 어디에서나 필요하지만, 체이스는 "그것은 매우 지역적이고 세밀한 것이에요"라고 말한다. "단일 모드를 모든 사람에게 적용할 수 없어요. 그러나 복합 교통수단을 구축하는 목표는 모든 도시에 적용됩니다." 여기서 체이스는 버스, 트램, 지하철과 같은 대중교통과 개인 차량 소유, 택시 또는 집카와 같은 차량 공유 서비스의 개인 교통수단의 혼합을 염두에 두고 있다. 그녀는 "얼마나 밀집되어 있든, 얼마나 넓게 퍼져 있든, 얼마나 부유하고 가난하든 상관없이 다양한 모드를 가질 필요가 있다"고 덧붙였다. 사람들이 한두 가지의 지배적인 방법에 덜 의존하기 때문에, 더 많은 선택권을 제공하는 것은 도시에 큰 이점이다.

최근 몇 년 동안 집, 옷, 자동차 또는 기술과 같은 자원을 공유하는 아이디어에 초점을 맞춘 스타트업 회사와 이런 문화가 폭발적으로 늘면서 사용하지 않는 자원이나 여가를 통해 돈을 버는 것이 점점 더 대중화되고 있다. 그러나 이 개념이 주류가 되기 이전에 체이스가 만든 미국의 차량 공유 체계이자 현재 세계에서 가장 큰 차량 공유 사업인 집카가 있었다. 1999년 집카가 등장하면서 체이스는 비소유권이라는 개념을 대중화시켰고 우리 시대의 가장 큰 영리사업 중 하나인 협력 경제에 혁신의 초기 사례를 소개했다.

자동차에 집착하는 미국에 공유의 개념을 소개함으로써, 집카는 유지비와 보험료가 비싼 자동차를 구매하는 대신 하나를 공동으로 사용하는 공동체의 새로운 도시 생활 방식을 조용히 도입했다. 무선 키, 위치 인식 및 온라인 청구 기능을 사용하여 앱의 회원들은 언제든지 다른 위치에서 자동차에 접근할 수 있다. 이것의 이점은 광범위하다. 경제적인 이유 외에도, 차량 공유는 도로 위의 전체 차량 수를 줄여 환경에 긍정적인 영향을 미치고 더 안전하고 건강한 거주공간을 만든다.

이전 페이지: 사진 속의 로빈 체이스는 미국의 교통수단 사업가이다. 그녀는 도시의 모빌리티 향상을 지지한다.

왼쪽: 체이스는 차량과 클라우드 간에 데이터를 이동하는 스타트업인 베니암을 공동 설립했다.

오른쪽: 베니암은 운전자들을 위해 인터넷 커버리지를 확장하여 새로운 경험을 가능하게 하고 더 똑똑한 도시를 위한 데이터를 수집한다.

그녀는 "공유 차 한 대가 15대의 개별 차량을 도로에서 대체할 수 있다"고 말한다. 도로에 차가 적다는 것은 주차 공간을 줄여야 한다는 의미이기도 하다. 체이스는 "도시의 거리에는 공간이 절대적으로 부족하기 때문에 공유하는 것이 훨씬 더 좋다"고 말한다.

집카를 떠난 이후 체이스는 여러 성공적인 회사와 프로젝트를 시작했다. 여기에는 프랑스의 P2P 렌탈 플랫폼인 버즈카와, 차량과 클라우드 간 데이터를 이동시켜 본질적으로 자동차를 지능형 네트워킹 플랫폼으로 전환하는 스타트업인 베니암이 포함된다. 이점으로는 인터넷 커버리지 확장, 데이터 비용 절감, 연결성 향상을 통한 인간 경험 개선이 있다. 각 스타트업의 비슷한 점은 이들이 모두 참여를 위한 플랫폼이라는 점이다. 체이스는 "플랫폼이 잉여 역량을 활용하고 다양한 동료가 참여하면 새로운 역동성이 발생할 수 있다"고 말한다. 이런 현상의 원동력 중 하나가 자원 부족이다. 그녀는 "돈, 공간 및 자산 자체의 부족"이라고 말한다. "다른 한편으론 풍요의 문제가 있어요. 하지만 잉여 역량을 풀어야만 풍요를 얻을 수 있습니다."

이러한 유형의 플랫폼의 장점 중 하나는 잉여 역량의 자산을 가진 사람들은 돈을 벌고 더 많은 자원이 필요한 사람은 돈을 절약한다는 것이다. 이 순환은 사회에 풍요가 어떻게 전달되는지에 대한 경제학을 변화시키고 있으며 이 개념은 그녀의 저서 <공유 경제의 시대: 미래 비즈니스 모델의 탄생 Peers Inc: How People and Platforms are Inventing the Collaborative Economy and Reinventing Capitalism>에서 탐구한다. 체이스에 따르면, 새로운 경제는 회사(Inc)가 플랫폼을 편리하고 저렴하게 만들 수 있는 산업적 강점을 가지고 있기 때문에 이 플랫폼에 시간, 제품 또는 서비스를 제공하는 사람들(Peers)을 기반으로 한다. "그것은 큰 개체의 힘을 작은 개체에 주는 반면, 작은 개체의 현지화, 전문화, 창의성은 큰 개체에 주어진다"고 체이스는 말한다. "양쪽 모두 서로가 절실히 필요로 하지만, 인간이 없는 플랫폼 경제는 아무것도 아닙니다." 즉, 이것은 협력적인 노력이다. 그 예로, 집에 여분의 침실이 있는 사람들은 관광객에게 임대할 수 있고 관광객은 호텔보다 대체로 저렴한 숙소를 찾을 수 있는 공유 숙박 웹사이트인 에어비앤비가 있다.

체이스가 생각하는 이상적인 도시는 밀집하고, 용도가 복합적이며, 소득이 혼합된 도시이다. "소득, 직장, 주거 및 여가가 어우러져 자산을 잘 활용할 수 있고, 사람들은 걸어서 15분 이내 또는 자전거로 일상생활을 할 수 있습니다." 체이스에게 그녀의 이상적인 도시에 대한 가장 큰 장벽 중 하나는 현 상태의 태도를 바꾸는 것이다. 그녀는 "사람들은 '차는 지위를 뜻하니까 나는 차를 소유할 거야. 난 항상 차를 몰고 출근했으니까 앞으로도 매일 그럴 거야. 왜 내가 바뀌어야 해?'라고 생각한다고 말한다. 그녀에게 잉여 역량에 대한 아이디어는 지속 가능성과 직결된다. 즉, 잉여 자원이 소진될 때 지구에 낭비되는 것은 훨씬 적다. 만약 우리 각자가 이 개념을 활용한다면 체이스의 비전에 한 걸음 더 가까워질 수 있을 것이다. 그녀는 "지금은 공정하고 공유되며 지속가능한 미래와 양립할 수 있는 방식으로 현 상황에 도전할 순간"이라고 말한다. "이것이 오늘날 우리의 문제에 대한 해답이며, 도시가 그것을 이해할 수 있다면 정말 놀라운 기회일 것입니다." •

왼쪽: 집카는 500개 도시에 100만 명 이상의 회원이 있는 세계에서 가장 큰 차량 공유 체계 중 하나이다.

오른쪽 위: 체이스에게 이상적인 도시는 사람들이 걸어서 15분 이내 또는 자전거로 이동할 수 있는 도시이다.

오른쪽 아래: 집카 회원은 언제든지 무선 카드를 이용하여 다른 위치에서 차량에 접근한다.

나루세 이노쿠마 건축회사

Naruse Inokuma Architects

나루세 이노쿠마 건축회사Naruse Inokuma Architects의 집, 커뮤니티 카페, 공유 사무실 설계에는 공유 소유 의식이 녹아있다. 이 공간들은 함께할 수 있도록 만들어졌다.

2011년 동일본대지진으로 발생한 거대한 쓰나미는 200m²(518km²) 이상 침수시켜 수많은 사상자와 손실 그리고 인도주의적 개입의 필요성을 야기했다. 리쿠젠타카타시는 흔적도 없이 사라졌고 사람들이 모일 곳이 거의 없었다. 바로 여기에 도쿄에 기반을 둔 나루세 이노쿠마 건축회사 Naruse Inokuma Architects의 이사인 유리 나루세 Yuri Naruse와 준 이노쿠마 Jun Inokuma가 도시의 거실 같은 역할을 할 리쿠 카페 Riku Cafe를 설계했다. 나루세는 "쓰나미에 의해 도시 대부분이 떠내려갔다"고 말한다. "그래서 우리는 피신 중인 사람들을 위해 누구나 들어가 자신의 공간으로 여길 수 있는 장소를 만들고 싶었습니다." 이 카페의 설계는 회사가 사람들 간의 동료의식을 적극적으로 함양하는 공유 공간을 만들기 위해 사람들을 어떻게 생각하는지 보여주는 사례 중 하나다.

두 사람은 2007년에 동명의 회사를 설립하고 공유 가능성을 중심으로 주거 및 상업 프로젝트를 설계하기 시작했다. 나루세는 "도시의 발전을 촉진하는 한 가지 방법은 주민들에게 더 많은 경험을 공유하도록 장려하는 것"이라고 설명한다. 여기에는 공유생활을 통해 긴밀하고 다양한 포용적 공동체를 구축하고 공공의 상호작용을 위해 설계된 공간과 계획을 구축하는 것이 포함된다. 나루세와 이노쿠마가 그들의 작업을 통해 이 두 가지 목표를 세운 이유는 사람들이 잘살기 위해서는 건축의 사회적 영향을 고려하는 것이 중요하기 때문이다.

공동생활의 개념이 새로운 것은 아니다. 이것은 역사를 통틀어 전 세계적으로 행해져 왔다. 하지만 공유 경제는 새롭다. 이는 인구 증가와 금융 불안정을 포함한 이슈와 병행하여, 특히 주택에 관하여 일상생활에서 소유권에 대한 우리의 믿음을 재정의하도록 강요하고 있다. 유엔 경제사회국은 30년 이내에 세계 인구가 20억 명 증가할 것으로 전망하고 있으며 느린 속도로 증가하는 중이다. 전체 가구의 25% 이상이 1인 가구인 도시에 상상 못 할 만큼 많은 공간이 필요하다는 것을 의미하며, 이 문제를 적절히 해결하기 위해 더 많은 사람들이 함께 살아야 한다고 지적한다.

독립적으로 사는 우리의 문화적 성향이 회사에게는 어떻게 하면 잘 살 수 있을지에 대한 대화를 모호하게 만들었다. 그에 반해, 공유생활은 공간 부족에서부터 외로움에 이르는 모든 것에 대한 해결책을 제공한다. 이노쿠마는 "공유 공간은 우리의 가능성의 영역을 넓혀준다"고 말한다. 그는 "여러 사람이 끊임없이 다른 사람을 의식할 필요 없이 각자의 분리된 삶을 함께 살 수 있는 공간을 만드는 것이 중요하다"고 말한다. "하지만 그들은 서로의 존재를 감지할 수 있어야 합니다. 이것은 혼자 있을 때조차 외롭게 고립된 느낌이 들지 않는 공간을 디자인하는 것이에요."

일본에서는 동거가 매우 보편화하였다. "셰어하우스가 2004년 무렵부터 급격히 증가하기 시작했다"고 이노쿠마는 설명한다. "그러나 공유는 수십 년 동안 일본 도시 생활의 중심에 있었습니다." 집은 어떻게 벽 안에 살고 있는 많고 다양한 사람들을 충족시킬 수 있을까? 나루세에 따르면, 핵심은 프라이버시, 유연성, 친목 공간, 그리고 노인 친화적인 공간을 통합한 디자인을 제안하는 것이다. 이런 공간의 예로 회사의 프로젝트인 LT 조사이 LT Josai는 나고야시에 있는 13개의 침실이 딸린 개인 거주지로 거주자 간의 상호작용을 이끄는 식사, 요리, 휴식을 위한 공용 공간이 있다. 이 집에는 서로 관련이 없고 대부분 스케줄이 다른 젊은 전문직 종사자들이 임대료와 공공요금을 나눠 내며 살고 있다. 이노쿠마는 "복잡하고 불규칙한 형태를 가진 공용 공간 주위에 방을 입체적으로 배치함으로써 서로 연결된 넓은 공간 안에 다양하고 안락한 장소들을 만들었다"고 설명한다.

이전 페이지: 나루세 이노쿠마 건축회사의 작품 '댄스 오브 라이트Dance of Light'는 서울 녹사평역에 밝고 은은하게 빛나는 명상의 공간을 만들었다.

왼쪽: 리쿠 카페는 2011년 대지진과 쓰나미로 피해를 본 주민들을 위한 공유 공간으로 설계되었다.

오른쪽: 회사는 카페가 도시 거주민들의 거실이 되고, 이벤트 공간도 될 수 있도록 했다.

혼자 있을 때조차 외롭게 고립된 느낌이 들지 않는 공간을 디자인한다.

― 준 이노쿠마

왼쪽: LT 조사이*LT Josai*는 나고야시에 있는 13개의 침실이 딸린 주택이다. 공용 공간은 이 집의 두드러진 점이다.

오른쪽 위: 서로 연결된 넓은 공간 안에 친밀감을 위한 작은 구역을 만들기 위해 방을 각각 다른 각도로 배치했다.

오른쪽 아래: 셰어하우스는 동년배들과 함께 있길 좋아하는 일본의 젊은 전문직 종사자들 사이에서 인기를 얻고 있다.

사적 공유 공간뿐만 아니라 공공 공간과 소위 "세 번째 장소"를 제공하는 것은 행복한 커뮤니티를 위해 매우 중요하다. 카페와 체육관, 공원, 상점, 그리고 거리와 같은 세 번째 장소들은 "고정된 사회 집단 밖에서 사람들을 만나는 흥미로운 경험을 할 수 있게 해준다"고 나루세는 말한다. 회사의 또 다른 프로젝트인 도쿄의 팹카페 FabCafe 도 이처럼 사람들 간의 연결과 협업을 촉진하기 위한 물리적 공간을 만들고자 한다. 이노쿠마는 "팹카페는 누구나 자신만의 무언가를 만드는 경험을 할 수 있는 장소로써 탄생했습니다"라고 설명한다. 이 카페는 워크숍과 실험 활동을 주최하는 전 세계의 11개 카페 중 하나다. 각 카페에는 창의적인 놀이를 장려하기 위한 디지털 제작 기계가 구비되어 있다.

건축가들은 항상 박물관, 도서관, 그리고 광장처럼 도시의 상징적이고 사람들이 모이는 활기 있는 장소를 설계해달라는 요구를 받아 왔다. 나루세는 "그러나 이러한 장소에 연결되는 네트워크의 설계를 고려하는 것도 똑같이 중요하다"고 말한다. 물론 이것은 잘 지어진 도시의 기본이며, 회사는 도시의 구조를 잇는 공간에 접근하는 방식이 독특하다. 한가지 예로, 서울의 어두웠던 역 내부를 빛으로 밝게 비추는 하얀 금속 돔으로 탈바꿈한 댄스 오브 라이트 The Dance of Light 가 있다. "지하철역은 사람들이 휴대폰을 사용하며 급하게 지나가는 곳이에요"라고 그녀는 말한다. "그래서 우리는 기존의 디자인을 새롭게 하기보다는, 행인들이 잠시나마 마음을 비울 수 있는 밝고 부드러운 명상의 장소를 만드는 것이 가장 좋겠다고 결정했습니다." 이곳이 만드는 익명의 영역은 다른 사람들의 존재를 느끼는 동시에 홀로 휴식을 취할 수 있는 기회를 제공한다.

나루세와 이노쿠마에게 이상적인 도시란 삶이 보이는 도시이자, 주민들이 자신의 도시라고 여길 수 있는 곳이다. "만약 도시에 익숙한 얼굴들이 많이 보인다면, '나의 도시'라고 생각하는 데 도움이 될 거예요"라고 나루세는 설명한다. "주민들이 도시 내 활동에 참여하는 사람들의 존재를 느끼는 것은 중요해요. 이런 생각이 자연스럽게 도시를 개선하려고 노력하게 만들 겁니다." 사람들이 공공과 사적 공간을 통해 지역사회에 적극적으로 참여하게 되면서 환경이 활기차고 안전해질 가능성이 커졌다. "그리고 이것은 우리가 어떻게 내일을 살아갈지 영감을 줄 겁니다." •

왼쪽: 도쿄의 팹카페는 실험 활동을 주최하고 디자이너들이 협업할 수 있는 만남의 장소 역할을 하는 하이브리드 카페 및 워크숍이다.

오른쪽 위: 카페는 방문객들의 창의성 향상을 위해 디지털 제작 기계와 디자인 장비를 갖추고 있다.

오른쪽 아래: 이 카페는 장비를 공유하는 전 세계의 11개 카페 중 하나다.

배움이 다시 즐거워지도록

혁신적인 디자인으로
작은 규모의 도서관이
공동체에 꼭 필요한 공간으로
바뀌는 방법.

마이크로도서관 와락 카유
Microlibrary Warak Kayu

샤우 인도네시아
SHAU Indonesia

인도네시아, 세마랑
Semarang

2020

공유 공간은 관계를 형성하고 지역사회 유대를 심화시킬 수 있으며, 이 건물의 모든 요소는 이중적 기능을 가지고 있다. 무엇보다 도서관은 주민 회관이 되기도 한다. 나무 기둥 위에 지어진 열람실 밑은 보호가 되는 개방된 공간이 된다. 거대한 계단은 영화 관람을 위한 강당 스타일 좌석으로도 쓰인다. 장식적인 브리즈 솔레일 *brise-soleil*(역자: 햇볕을 가리기 위해 건물 창에 댄 차양) 파사드는 책꽂이 너머로 자연스럽게 그늘을 드리운다. 마이크로도서관은 인도네시아에서 가장 가난한 지역사회의 사람들이 배움의 기회를 가질 수 있도록 샤우가 고안하였다. 전통적인 도서관들은 종종 답답하고 엄숙하게 느껴질 수 있기 때문에, 건축가들은 가족들에게 어필하기 위해 장난스러운 요소들을 두루 더했다. 아이들은 커다란 공용 그네나 그물 해먹이 있는 바닥 위에서 휴식을 취하며 책을 읽을 수 있고, 부모는 아래에서 아이들을 관찰할 수 있다. 건물 전체는 FSC 인증을 받은 목재로 만들어졌으며 현지에서 조립되었다. 이곳은 샤우가 지역 안에 만든 다섯 번째 마이크로도서관이며, 독서의 즐거움을 기념하고 장려하는 혁신적이고 풍요로운 디자인을 위해 지속 가능하고 저렴한 재료를 사용했다.

왼쪽: 이 도서관은 인도네시아의 가난한 지역사회가 책을 통해 지식을 접할 수 있도록 돕기 위해 설계되었다.

오른쪽: 지역 목재로 만든 격자무늬가 도서관을 둘러싸고 있어 직사광선으로부터 그늘을 만든다.

왼쪽 아래: 계단은 일 층 열람실로 이어져 있다. 건물은 목조 기둥 위에 들어 올려 있다.

왼쪽 위: 나무 탁자와 해먹 같은 그물 바닥은 책을 읽을 수 있는 아늑한 공간을 제공한다.

오른쪽: 다이아몬드 모양의 패널은 따뜻한 기후에도 불구하고 에어컨이 필요 없도록 도서관 안으로 공기를 흐르게 한다.

도시 거주자를 위한 공동체 지향적 주택

도시 공동체가 장기적인 사회적 및
환경적 지속 가능성을 실현하기 위해
협력하는 방법.

캐피톨 힐 어반 코하우징
Capitol Hill Urban Cohousing
스케마타 워크숍
Schemata Workshop
미국, 워싱턴주, 시애틀
2016

스케마타 워크숍은 공동체 지향적 주택 프로젝트 설계의 선두에 있다. 시애틀에 본사를 둔 이 건축 회사는 캐피톨 힐 어반 코하우징(CHUC)을 위해 중앙 뜰 주변에 다양한 규모의 주택 아홉 채로 구성된 5층짜리 복합용도 건물을 설계했다. 가정마다 완비된 주방과 거실이 있지만 널찍한 주방, 30명까지 수용 가능한 식당, 옥상정원, 창고, 세탁 시설 등 다수의 공용 공간을 함께 공유하고 있다. 거주민들은 자신들의 호실 명세서에 직접 입력이 가능하고 건물 관리를 분담하면서 친밀감과 공동의 소유 의식을 갖는다. 개인이든 가족이든 각 주민은 공동체가 번성할 수 있도록 기술과 서비스에 기여하도록 장려된다. 어른들이 다른 일로 바쁠 때 십 대들은 어린아이들을 돌보고, 연장자들은 근무 시간 동안 유지관리를 감독할 수도 있다. 코하우징은 더 큰 규모로 채택되어 밀집된 도심에서 공동체의 장수를 촉진하는 핵심가치의 공유와 함께 우리 도시의 주축이 될 수 있는 여지가 있다.

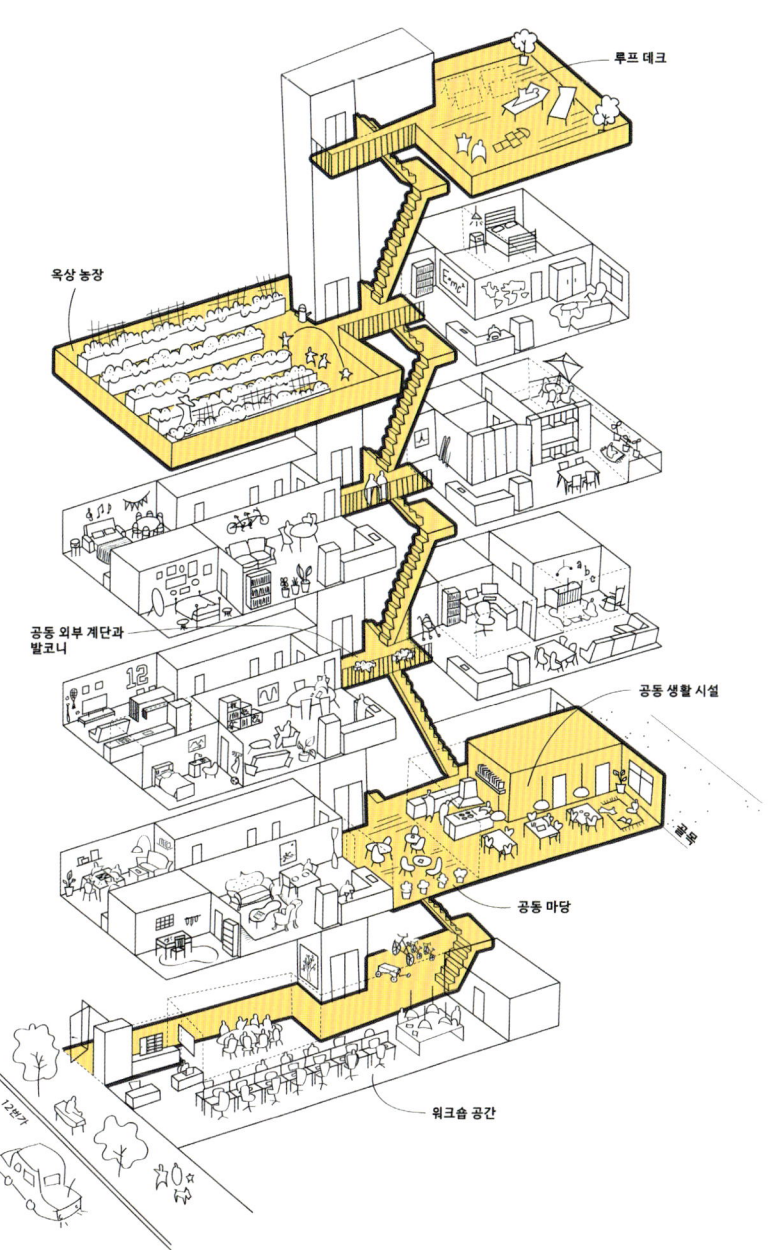

루프 데크

옥상 농장

공동 외부 계단과 발코니

공동 생활 시설

골목

공동 마당

워크숍 공간

왼쪽: 시애틀의 캐피톨 힐 어반 코하우징 프로젝트는 개인과 가족 모두를 위한 양육 공동체이다.

오른쪽: 이 건물은 침실, 부엌과 생활 공간, 그리고 다른 집들과 공유하는 공간이 있는 9개의 집으로 구성되어 있다.

왼쪽 위: 옥상 정원은 거주민에게 농작물과 시애틀 시내의 경치를 제공한다.

왼쪽 아래: 아이들이 놀 수 있도록 벽으로 둘러싸인 안마당을 중심으로 집들이 배치되어 있다.

오른쪽: 주민들 사이에 사회적 화합을 조성하는 것을 목표로 한다. 그들은 각각 공동체의 번성을 돕기 위해 기술과 서비스에 기여한다.

젊음을 유지하는 새로운 방법을 보여주다

노년기 여성을 위한 선구적인 주택 조성 방법.

뉴 그라운드 코하우징
New Ground Cohousing
폴러드 토머스 에드워즈
Pollard Thomas Edwards
영국, 런던
London
2016

북런던에 위치한 뉴 그라운드는 영국 최초의 코하우징 개발로, 특별히 노인 거주자들을 위해서, 또 그들에 의해서 계획되었다. 50대 초반에서 80대 후반의 여성들이 거주하는 뉴 그라운드는 넓은 정원과 식당, 세탁실 등의 공유 편의시설을 중심으로 다양한 규모의 아파트 25채로 구성되어 있다. 다양한 사회적 혼합을 대표하는 주민은 상호 존중, 연령차별 거부, 협력 의지 등의 핵심 가치를 공유한다. 그들은 팀으로 일하면서 건물, 정원, 그리고 그룹의 삶의 모습을 함께 유지한다. 공동체 건물에 초점을 맞춘 네덜란드 코하우징 모델의 영향을 받은 뉴 그라운드 같은 계획적인 커뮤니티는 고령의 인구가 도시 환경에서 혼자 살면서 마주할 수 있는 고립, 외로움, 무존재감과 같은 문제를 다룬다. 이 프로젝트는 노인들을 위한 시대에 뒤떨어지고, 제도적이며, 권한을 제한하는 다수의 기존 형태의 주거 시설에서 볼 수 있는 것보다 더 위엄 있고 자율적인 생활을 제공한다. 뉴 그라운드는 거주민들을 활동적이고 사회적으로 참여하게 함으로써 더 행복하고 건강하게 지낼 수 있도록 한다.

왼쪽: 공동주택에는 부엌, 식당, 주민들이 함께 어울릴 수 있는 손님방이 있다.

오른쪽: 이 여성 전용 단지는 런던의 하이 바넷High Barnet에 있는 전 수녀원 자리에 있다.

왼쪽: 아파트마다 발코니 또는 파티오가 있다. 주민들은 상호 존중과 연령차별 거부 같은 핵심 가치를 공유한다.

오른쪽 위: 공동 안뜰은 정원을 가꾸기에 멋진 장소이며 바라볼 수 있는 푸른 경치를 제공한다.

오른쪽 아래: 거주자들이 직접 건축가와 협력하여 프로젝트의 성격과 레이아웃을 결정한다.

뉴 그라운드 코하우징

세대 간의 생활을 위한 3-in-1 개발

다세대 주택이 도시 거주자들에게 사회적, 경제적으로 혜택을 주는 방법.

3세대 주택
3 Generation House

베타
BETA

네덜란드, 암스테르담
Amsterdam

2018

도시 환경에서 함께 사는 가장 큰 장점 중 하나는 가족들이 생활비를 줄이고 가계 유지, 집안일, 청구서 등을 나눌 수 있다는 점이다. 또한 이러한 프로젝트들은 각 가정이 더 높은 친화력과 건강과 보육을 위한 준비된 지원망으로부터 혜택을 받는 미니 커뮤니티를 만든다. 가족 구성원이 혜택을 보는 것은 물론 지역 인프라에 대한 수요도 적다.

베타 건축 회사의 3세대 주택은 3대의 한 가족이 사는 곳이다. 두 개의 분리된 아파트가 위아래로 있어 거주자들의 즉각적인 필요뿐만 아니라 앞으로의 필요도 고려한다. 아래층 아파트에는 사무실이 있고 정원으로 바로 연결돼 있어 어린 자녀를 둔 맞벌이 가정에 이상적이다. 위층 아파트에는 끊김 없이 평평한 바닥과 휠체어 이동을 위한 넓은 문이 있다. 건물 전체를 아파트 4채로 재구성할 수 있도록 설계해 아이들이 청소년이 되어 자신만의 공간을 가질 수 있도록 했다. 비록 3세대 주택은 개인 의뢰였지만, 건축가들이 훨씬 더 넓은 규모의 다세대 주택의 발전 가능성을 연구하도록 영감을 주었다.

왼쪽: 전체가 검은 북쪽 파사드. 닫혀있는 전면은 열 손실을 줄이고 소음이 내부로 유입되는 것을 막아준다.

오른쪽: 남쪽 파사드는 각 층에 유리 벽과 발코니가 특징이다. 정원은 아이들의 놀이 공간을 제공한다.

위: 각 거주 공간은 중앙 계단을 통해서 갈 수 있다. 낮은 층은 어린 자녀가 있는 가족을 위한 공간이다.

왼쪽 아래: 유리 벽을 통해 들어오는 햇빛이 거실과 침실을 환하게 밝힌다.

위: 조부모들은 엘리베이터가 있는 꼭대기 층에 산다. 노란색 계단은 거주지에 생동감을 부여한다.

오른쪽 아래: 건축 설계도. 회사는 여러 세대가 한 지붕 아래에 살 수 있는 창의적인 방법을 보여 주었다.

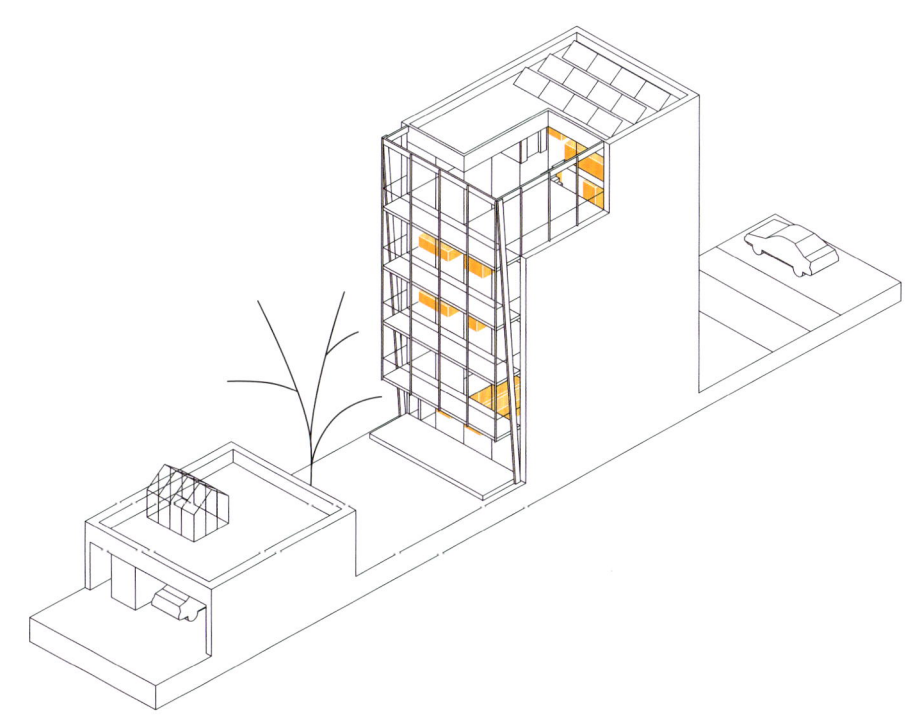

런던의 올림픽 유산 위에 짓기

오픈 소스 아키텍쳐를 사용하여 올림픽 기반시설에 새로운 생명력을 부여하는 방법.

트램퍼리 온 더 갠트리
The Trampery on the Gantry
호킨스\브라운
Hawkins\Brown
영국, 런던
London
2018

최근 몇 년 간 호킨스\브라운은 런던 올림픽 레거시의 연장선상인 2012년 올림픽 언론 방송 센터였던 히어 이스트*Here East*의 재개발을 책임지고 있다. 빌딩은 현재 소매점, 스튜디오, 창업 공간, 그리고 최첨단 데이터 센터를 수용하고 있다. 이 프로젝트의 가장 최근 단계는 21개의 기발한 독립형 스튜디오가 모여 있는 트램퍼리 온 더 갠트리로, 각각 다른 디자인과 구성을 가지고 있으며, 방송 센터 뒤쪽에 있는 길이 800ft*(240m)*의 철골 구조물 위에 설치되있다. 각 포드는 파라메트릭 코딩 도구와 병행되는 오픈 소스 기술인 위키하우스*WikiHouse*라는 컴퓨터 제작 시스템을 사용하여 제조되었고 모듈식 목재 패널로 지어졌다. 그리고 나서 포드들은 최종 위치로 들어 올려지기 전에 함께 조립되었다. 이러한 접근은 단일 층과 복층 유닛을 혼합한 다양한 디자인을 가능케 했는데, 외부는 레즈니 성냥갑 장난감 공장*Lesney Matchbox Toy Factory*과 런던 큐어*London Cure* 훈제 연어와 같은 과거 해크니 윅*Hackney Wick*의 개척자들에게 경의를 표하는 개별적인 디자인을 고려했다. 외관상 일회용 가설건축물 같은 방송 센터를 지역 사업체를 위한 저렴한 스튜디오 공간으로 탈바꿈함으로써, 호킨스 브라운이 마치 무에서 진정으로 유익한 유를 만들어낸 것처럼 느껴진다.

왼쪽: 런던의 퀸 엘리자베스 올림픽 공원 *Queen Elizabeth Olympic Park*에 21개의 다채로운 작업 공간이 만들어졌다.

오른쪽 위: 각각의 스튜디오는 작은 집처럼 생겼다. 이것들의 독특한 디자인은 건물의 외관을 밝아 보이게 하기 위함이다.

오른쪽 아래: 이 공간은 원래 2012년 런던 올림픽 동안 필요한 기계들을 보관하기 위해 지어졌다.

왼쪽: 대부분이 강철 복합체인 구조적 기둥 때문에 해당 방식으로 스튜디오가 배치되었다.

오른쪽: 디자이너들은 사실상 창문 없는 헛간이었던 곳을 재미있는 스튜디오들이 모인 공간으로 바꾸어 놓았다.

미국 최초의 지속 가능한 도시 공동 농업 주거지

도시 농업을 통해 지역사회에 힘을 부여하고 교육을 촉진하는 방법.

미시간 도시 농업 재단
Michigan Urban Farming Initiative
MUFI
미국, 미시간주, 디트로이트
Detroit
진행 중

디트로이트의 노스 엔드 North End 지역은 한때 번창하는 흑인 중산층 커뮤니티의 고향이었다. 오늘날, 평균 집값은 25,000달러 미만이고, 주민 35% 정도만이 집을 소유하고 있다. 미시간 도시 농업 재단(MUFI)은 지역 차원의 식량 안보 문제를 해결하기 위해 지속 가능한 농업에 지역사회 구성원들을 참여하게 하는 자발적인 비영리 단체로 2002년도에 이곳에 설립되었다. 이후 2016년에 '공동 농업 주거지 agrihood'로 지정되면서 작은 도시 텃밭부터 다양한 3에이커(12,141m²) 규모의 농장으로 성장해 현재 동네 전체를 지탱하고 있으며, 3mi(5km) 이내의 2,000여 가구에 무료로 농산물을 배달하고 있다. MUFI는 빈 토지와 식량 불안정이 심각한 사회적 분란을 일으킬 수 있는 공동체가 직면한 과제에 초점을 맞추고 있다. 지역사회 지원 농업은 도시 공동체를 교육하고, 알리고, 지속 가능한 농업에 참가시키는 동시에 이웃 간의 사회경제적 격차를 줄이는 데 도움을 줄 수 있다. 이 재단이 미국 내 다른 지역과 그 밖의 도시 공동체의 활성화와 재개발을 위해 채택될 수 있는 모델을 제공할 수 있기를 기대해본다.

왼쪽: MUFI는 지속 가능한 농업에 미시간 지역사회 구성원들을 참여시키기 위한 비영리 단체이다.

오른쪽: 이 프로젝트는 4년 동안 제법 확장되어 현재 수천 파운드의 농산물을 인근 가정에 배달하고 있다.

왼쪽: 허브, 씨앗, 야채는 추가 수익을 창출하기 위해 소스와 특별 제품에도 사용된다.

오른쪽 위: 이 자원봉사 단체는 도시 농업을 통해 지역 사회에 힘을 부여하길 바란다.

오른쪽 아래: 사람들에게 지속 가능한 방법으로 건강한 음식을 재배하도록 가르치는 것은 더 좋은 도시를 만드는 중요한 방법이다.

민주적인 디자인으로 벌 보호하기
누구나, 어디서나 지역 벌 개체 수를 돕는 방법.

벌집
Bee Home
스페이스10 + 바켄&백 + 타니타 클라인
SPACE10 + Bakken&Bæck + Tanita Klein
전 세계
2020

모든 지역의 자생식물 종들을 수분시키는 수만 종의 벌들의 존재는 지구상의 생명체에게 필수적이다. 그러나 인간의 거주지 확장은 벌의 자연 서식지를 위험에 빠뜨리게 한다. 스페이스10은 벌집을 통해 세계적인 범위의 균형을 바로잡는 데 작은 역할을 할 수 있는 기회를 일반인들에게 제공한다. 무료로 만들 수 있는 오픈 소스의 이 집은 홀로 살면서 다음 세대를 위해 꽃가루와 먹이를 모으는 데 하루를 보내는 단독성 벌들을 수용하기 위해 설계되었다. 벌집은 보통 나무나 땅에 파인 구멍에서 생활하는 필요조건을 모방하여 쉽게 조립할 수 있도록 현지에서 조달한 단단한 목재로 만든 모듈식 부품으로 만들어졌다. 이 부품들은 굴처럼 단순하거나 고층빌딩처럼 복잡한 집을 만들 수 있도록 다양한 개수의 구성으로 배열할 수 있다. 집은 오픈 소스 플랫폼에서 디자인을 확정한 후, 누구나, 어디서나 무료로 파일을 다운로드받고 현지 메이커스페이스에서 만들면 된다. 이런 방식으로 처음 두 달 동안 전 세계에 32,000개의 벌집을 만들었다. 바켄&백과 타니타 클라인의 협력으로 탄생한 벌집은 지구와 우리의 관계를 회복하고 벌들과 도시를 공유하도록 돕는 민주적인 디자인의 방대한 잠재력을 보여준다.

왼쪽: 단독성 벌들의 새로운 집을 만들기 위해 누구나 스페이스 10의 온라인 플랫폼을 이용하여 자신만의 벌집을 디자인할 수 있다.

오른쪽: 단독성 벌은 벌집에 살지도 않고 꿀을 생산하지도 않는다. 한 마리의 단독성 벌은 꿀벌 120마리를 합친 것만큼 수분할 수 있다.

안전한 도시

기후 변화, 극심한 기상 현상, 그리고 홍수에 대한 회복탄력성은 안전한 도시를 위해 필수적이다. 범죄 예방과 재활을 중점으로 모두를 보호함으로써 안전감을 증진한다. 더 나아가, 안전한 도시는 음식, 물, 쉼터, 돌봄과 같은 자원을 제공하여 건강한 생활 환경을 보장하고, 의료 서비스와 친환경 공간을 통해 신체적 및 정신적 웰빙을 도모한다.

**사회 계약의
핵심**

2012년, 허리케인 샌디가 카리브해를 휩쓸고 미국 동부 해안을 강타해 수백 명이 사망하고 막대한 피해가 발생했다. 허리케인의 경로에 있던 수많은 도시들과 커뮤니티와 함께 뉴욕은 허리케인의 위험에 준비되어 있지 않았다.

우리는 기후 위기로 인해 기상 이변의 빈도, 강도, 지속 시간이 증가할 것을 안다. 뉴욕은 이런 대참사로 인해 두 번 다시 같은 피해를 당하지 않을 방법을 찾아야 했다. 도시의 해결책은 더 나은 디자인을 통해 회복 탄력성을 찾는 것이었다. 그래서 기존의 방식에서 벗어나 재건을 위한 현명한 해결책을 모색하는 리빌드 바이 디자인Rebuild by Design을 출범시켰고 이것은 공모로 시작해 상설 조직이 되었다.

이것의 결과물 중 하나는 빅 유BIG U였다. 덴마크 건축가 비야케 잉겔스 그룹Bjarke Ingels Group(BIG)이 맨해튼 남쪽 부둣가를 아름답고 사람 친화적인 공공 공간 중심으로 재조경한 디자인이다. 전형적인 홍수방지 솔루션인 방조제는 강둑과 해변 생태계를 파괴한다. 빅BIG의 해결책 중 일부는 자연적으로 도시를 홍수로부터 보호할 수 있는 이 인근 지역을 둘러싸고 있는 구릉지대를 확장하는 것이었다.

안전은 도시 사회 계약의 핵심이다. 안전에 대한 보장은 우리가 도시에 투자하고, 집을 사고, 사업을 시작할 수 있게 한다. 우리는 이것들이 보호받을 것이라고 믿는다.

우리는 안전한 도시를 생각할 때 범죄와 치안 유지를 가장 먼저 생각할 것이다. 그러나 안전한 도시는 그뿐 아니라 정신적, 육체적 건강, 성 평등 및 깨끗하고 건강한 환경을 조성하며 음식, 물, 주거지와 같은 자원을 안전하게 이용할 수 있게 한다. 안전한 도시는 기상 이변, 전염병, 테러리즘, 또는 오염과 같은 위협에 회복 탄력적이다. 시민들의 안전을 위해 선견지명을 활용하여 위기를 예방하고, 변화에 적응하며, 회복을 돕는다. 또한 인류애를 가지고 냉정히 앞으로 나아가며, 취약계층을 챙기고 사법제도는 갱생을 돕는다.

왼쪽: 투렌스케이프Turenscape가 중국 하얼빈에 설계한 쿤리 우수 공원Qunli Stormwater Park은 홍수로 인한 빗물의 스펀지 역할을 하며 레크리에이션을 위한 새로운 공간을 제공한다.

오른쪽: 빅BIG이 설계한 빅 유BIG U는 10mi(16km) 길이의 장벽 시스템으로 완공되면 해수면 상승으로부터 맨해튼 남쪽을 보호할 것이다.

자연과 협력하기

우리가 도시를 건설하는 방식은 때때로 요새와 유사하다. 날씨로부터 우리를 보호하기 위해 벽으로 우리 주위를 둘러싼다. 하지만 이상적인 도시는 자연계의 일부가 되어 생태계에 맞서지 않고 협력한다. 녹지 공간과 자연화된 물의 흐름은 점점 잦아지는 홍수와 폭풍에 적응하고 대처한다. 도시를 극한 날씨로부터 효과적이고 지속 가능하게 보호하는 것 외에도, 이러한 개입은 생물 다양성을 증가시키고 도시의 극한 기온을 낮춰준다. 또한 주민, 상업, 그리고 관광업에 매력적인 공공 공간을 만든다.

건축 및 조경 스튜디오 투렌스케이프가 중국 하얼빈 외곽에 만든 84에이커($340,000m^2$) 규모의 공원은 빗물을 저장하고 정화하는 "그린 스펀지" 역할을 한다. 이 계획은 기존의 습지를 보호하고, 주민들의 새로운 여가 공간을 위한 오솔길과 스카이워크를 제공한다. 이것은 도시가 자연을 거스르지 않고 자연의 일부로서 존재하도록 재건되고 있는 뉴욕에서 진행 중인 허리케인 샌디 피해복구를 이끄는 생각과 같다.

오염 뿌리 뽑기

환경 문제는 드라마틱하지 않거나 눈에 보이지 않는다고 해서 덜 치명적이지 않다. 대기질과 수질만 봐도 그렇다. 우리는 산업혁명부터 베이징을 정기적으로 마비시키는 스모그까지 대기오염을 당연하게 여기게 됐지만, 연간 650만여 명의 사망자가 발생하고 있다. 도시 거주자 10명 중 8명은 세계보건기구WHO의 한도를 초과하는 오염물질이 함유된 공기를 마시는 것으로 추산된다. 이러한 오염물질은 자동차, 건설, 공장 배기가스 시스템뿐만 아니라 폐기물 관리와 농업 관행에서 발생한다. 이상적인 도시에서는 오염을 제한하기 위해 화석 연료에 대한 의존을 근절한다.

안전한 도시는 걷거나 자전거를 타기 좋게 계획되어 있으며, 효율적이고 깨끗한 대중교통은 휘발유에 대한 우리의 의존도를 제한하고 도로 안전을 높인다. 바람과 태양 같은 깨끗한 에너지는 도시에 동력을 공급한다.

도시의 기반 시설도 오염을 제거하는 데 도움을 줄 수 있다. 네덜란드 디자이너 단 로세하르데 *Daan Roosegaarde*는 세계에서 가장 큰 공기청정기인 스모그 프리 타워*Smog Free Tower*를 만들었다. 네덜란드 로테르담에서 시범적으로 제작된 23ft*(7m)* 높이의 이 구조물은 그린 에너지로 작동하며 시간당 약 100만ft³ *(30,000m³)*의 공기를 청소할 수 있다.

스튜디오 로세하르데*Studio Roosegaarde*의 스모그 프리 타워는 오염을 얼마나 흡수하는지와 상관없이 주변에 깨끗한 공기를 만들 수 있도록 설계됐다.

제공하고 지원하기

안전한 도시를 만드는 것은 범죄에 강경한 것만이 아니라 애초에 그런 일이 일어나지 않도록 하는 것이다. 긴 형량과 누추하고 비좁은 생활 환경의 현행 교도소 시스템은 법을 어기고 트라우마를 지속시키며 사법제도에 상호 간의 공포와 불신을 조성하는 사람들에게 낙인을 찍는다. 미국과 영국에서는 범죄자 10명 중 6명이 석방 후 2년 이내에 감옥으로 돌아온다. 하지만 노르웨이에서는 10명 중 2명만 돌아온다.

기존의 비인간적인 접근 방식을 피한 노르웨이 최고 보안 등급의 할덴 교도소*Halden Prison*는 공감과 재활에 중점을 두고 설계됐다. HLM 아키텍투르*HLM Arkitecktur*와 ERIK 아키텍테르*ERIK Arkiteckter*는 자연광을 극대화하기 위해 콘크리트가 아닌 벽돌, 낙엽송 같은 따뜻한 소재를 사용했다. 감옥에는 도자기 공방, 음악 스튜디오 등 다양한 학습 공간도 마련돼 있다. 스태프들은 수용자들이 석방되는 즉시 새로운 삶을 살 수 있도록 준비하는 것에 집중한다. 교도관 중 한 명은 "대부분의 수용자는 사회로 돌아갑니다. 그러면 우리는 화난 사람들을 원할까요, 아니면 갱생된 사람들을 원할까요?"라고 말했다.

더 안전한 커뮤니티 구축하기

안전한 도시에서 우리는 대응을 위한 보호 시스템을 넘어 근본적인 원인을 해결하는 것에 대해 생각한다. 그리고 전체적으로 도시를 하나의 시스템으로 보고 범죄를 일으키는 사회적 환경을 재설계한다. 이상적인 도시는 외로움과 고립을 방지하기 위해 열심이며, 강한 공동체를 형성하고 역사적으로 소외되었던 그룹을 복귀시킨다.

세계 일부 지역에서는 이미 이런 일이 잘 진행되고 있다. 캐나다 북부의 콴린 던 퍼스트 네이션Kwanlin Dün First Nation의 공동체 치안 유지 시범 프로그램은 큰 성공을 거두었다. 원주민 커뮤니티는 캐나다의 폭력적인 식민지 역사 때문에 왕립 캐나다 기마 경찰과 팽팽한 긴장 관계를 맺고 있다. 커뮤니티의 많은 사람들을 취약하게 만들었던 불충분한 치안 유지에 맞서기 위해 콴린 던은 4명의 커뮤니티 보안관으로 구성된 작은 팀을 만들었다. 이 보안관들은 총 소지나 기소할 수 있는 권한이 없지만, 긴장을 완화하는 지속적인 존재감을 만든다. 어디에나 있는 그들은 커뮤니티의 자원이 된다. 종종 심부름이나 작은 수리까지도 그들이 할 수 있는 한 어디든 도움을 준다. 못할 이유가 없지 않은가? 주민들을 알아가면서 신뢰와 존중이 쌓이고, 이는 그 무엇보다 중요하다.

잘 디자인된 공공 공간은 모두에게 더 안전한 도시 환경을 만들어주는 활기찬 공공 생활을 보장한다. 어반 싱크 탱크Urban-Think Tank가 베네수엘라 카라카스Caracas에 수직 체육관Vertical Gym을 설계하고 지음으로써 거의 아무것도 없었던 차카오시Chacao의 바리오 지역에 저렴하면서도 양질의 레크리에이션 공간이 생겼다. 연구에 따르면 시민 공간에 대한 이러한 개선으로 이웃 범죄를 30% 줄일 수 있었다.

모두를 위한 존엄성

이상적인 도시는 가장 취약한 주민들을 사회적 소외와 노숙의 위험으로부터 보호함으로써 누구든지 환영하는 곳을 의미한다. 난민들의 경우에는 존엄성을 회복하고 다양한 국적, 문화, 언어를 가진 사람들을 통합할 수 있는 공간을 만드는 것을 의미한다.

아틀리에 리타Atelier RITA가 설계한 파리 교외에 있는 이브리쉬르센Ivry-sur-Seine의 응급 수용 센터에는 350명의 난민과 50명의 롬인Roma(역자: 북부 인도에서 기원한 민족으로 전통적으로 유랑하는 문화를 가지고 있음)들이 살고 있다. 이곳은 여러 건축 양식과 다양한 공간(사적과 공적, 가정용과 다목적용, 종교와 여가 등)이 있는 미니 타운이다. 아틀리에 리타는 빨리 지을 수 있고 이동과 용도 변경이 가능한 6개의 다목적 유르트와 함께 조립식 유닛을 택했다. 작은 마을을 본떠 주민들이 이곳을 임시 거처로 여길 수 있도록 만들었다.

프랑스 이브리쉬르센에 아틀리에 리타가 설계한 이주민과 여행객을 위한 쉼터.

복잡함이 기회가 된다

범죄와 처벌을 재구성하고 도시공원의 조명을 미세하게 조정하는 것처럼 안전의 기본 요소를 폭넓게 생각하는 것은 중요하다. 또한, 다른 집단의 사람들 입장에서도 안전을 고려해야 한다.

안전에 기여하는 요소들은 다차원적으로 서로 깊이 연결되어 있다. 이러한 복잡성을 고려하여 안전한 도시는 위협에 대한 예방과 복원력 구축이라는 임무를 이해한다. 문제가 복잡할 때는 극복하는 방법도 다양하다. 이상적인 도시에서는 풍부하고 다양한 해결책으로 이어진다. •

콴린 던 커뮤니티 보안관

Kwanlin Dun Community
Safety Officers

커뮤니티 구성원들의 신뢰, 안전, 접근성을 높이는 방안으로 캐나다 북부의 한 작은 도시의 대안적 치안 유지 활동 프로그램이 전 세계적으로 주목을 받고 있다.

캐나다 북부 콴린 던 퍼스트 네이션(KDFN)의 회복적 정의와 커뮤니티 안전 책임자인 크리스티나 랭Christina Laing에게 이상적인 거주지란 안전, 공동체 책임감, 자급력이 균형을 이루는 곳이다. "사람들이 서로를 돌보고, 이웃에 대해 알아가며, 정말로 필요한 도움을 주는 곳이죠"라고 그녀는 말한다. 커뮤니티 구성원들이 서로를 배려하는 랭의 비전은 시범 프로젝트를 통해 캐나다 북서부 유콘 준주Yukon Territory의 주도인 화이트호스Whitehorse라는 작은 도시에서 번성하고 있다. 최초의 대안적 치안 유지 활동 프로그램 중 하나로서 네 명의 커뮤니티 안전 요원(CSO)이 퍼스트 네이션의 구성원들을 보호한다. 이것은 주민들 스스로 안전을 챙기는 방법이며, 자치적인 퍼스트 네이션의 시민들에게 매우 가치 있는 일이다.

경찰관들은 매일 콴린 던 거주민 대부분이 사는 화이트호스의 작은 구역인 맥킨타이어McIntyre 주변을 순찰하며 방문, 검문, 대화를 통해 그들과 접촉한다. 그들의 목적은 범죄 예방과 긴급한 안전 문제에 대응하는 것이지만, 왕립 캐나다 기마 경찰(RCMP)에 보고서를 제출하거나, 법정에 참석하거나, 진료 예약 같이 이송의 도움이 필요할 수 있는 사람들, 특히 노인과 젊은이들을 돕는다. 랭은 "이것이 우리가 말하는 서비스 제공의 대안이라고 할 수 있어요. 그들은 COVID-19 대유행 기간 동안, 겨울에 식료품이나 장작이 필요한지 알아보기 위해 사람들의 집을 방문했습니다"라고 말한다. 그들이 꼭 해야 할 의무가 아니지만 그래도 한다. "그들은 동료처럼 행동해요. 왜냐하면 그들은 동료이니까요"라고 그녀는 설명한다.

안전 요원 자신들이 커뮤니티의 정규 구성원이라는 점은 콴린 던의 CSO와 경찰관의 중요한 차이다. 게다가 경찰과 달리 CSO는 비무장이며 어떠한 단속도 하지 않는다. 그들은 경찰관들과 조화롭게 일하지만, RCMP로부터 허가나 규제를 받지 않는다. 또한 더 능동적이고 예방적인 접근 방식으로 운영된다. 랭은 "우리에겐 권위가 없으며 원하지도 않는다"고 말한다. "CSO는 시민과 RCMP 사이의 가교 역할을 하는 공동체의 눈과 귀에요. 불신과 차별이라는 역사적 문제 때문에 경찰을 부르는 일이 모두에게 편한 것은 아니에요. 그래서 그들은 정부가 제공하는 다른 서비스의 연락책 역할을 하는 거예요."

콴린 던은 2년 전 발생한 연쇄적인 미해결 범죄들로 인해 커뮤니티에 위기가 오면서 2016년까지 독자적인 치안 유지 방식을 확립했다. "무서운 시간이었어요. 안전에 대한 두려움이 컸어요"라고 랭은 말한다. "하지만 사람들이 변화를 만들고 싶으면 할 수 있어요. 다양한 수준의 교육, 배경, 경험을 가진 사람들이 이 계획을 공식화하기 위해 모였어요." 이 계획은 뉴질랜드처럼 먼 나라들의 토착민들에게 모범적인 모델이 될 것이다. 3년 간의 시범은 유콘 정부의 자금 지원을 받아 2021년까지 연장되었다. 이는 공공 안전, 교육, 범죄 예방 및 정의를 포함한 여러 의무를 포함한다. 경찰관들은 정신 건강 문제에서부터 강한 압박감을 완화하는 방법까지 모든 것에 대해 훈련을 받았다. 랭은 "돌아다니는 경찰이 충분하지 않기 때문에 그들은 제때 대응할 가능성이 훨씬 높다"고 말한다. 또한 그들이 만들어낸 신뢰와 존중 덕분에 RCMP보다 상황을 해결할 수 있는 준비가 대체로 더 잘 되어 있다.

식민지 뿌리의 여파로 여전히 어려움을 겪고 있는 나라에서 이 프로그램을 시작한 것은 토착민들이 스스로 문제를 해결하고 수 세기 동안의 제도적 인종차별로 인한 불평등을 해결하는 방법이 되었다. "사람들에 대한 책임감을 가질 수 있게 해주었고 불평등을 해소하고자 하는 우리 자신의 선택을 할 수 있게 해주었어요"라고 그녀는 설명한다. 이런 이유로, 프로그램은 의료, 가족 서비스 및 아동 복지 분야의 자원을 모으고 법원 및 교도소 시스템의 부담을 줄이는 데에도 도움을 주고 있다. 랭은 "무엇보다 시민들은 프로그램이 큰 변화를 가져왔고 더 안전하다고 느낀다"고 단언한다. 2019년에는 약식 기소 범죄 또는 경범죄로 인한 RCMP의 호출이

이전 페이지: 콴린 던 퍼스트 네이션 커뮤니티 안전요원들은 맥킨타이어 주변을 순찰한다. 그들의 관심은 범죄 예방, 안전 문제, 그리고 커뮤니티의 요구에 있다.

왼쪽: 요원들도 현지인이기 때문에 현지인들에게 동료처럼 행동한다.

오른쪽: 커뮤니티 구성원들과 신뢰를 쌓는 것은 프로그램의 성공에 필수적이다.

줄어든 반면 더 심각한 범죄로 인한 호출이 증가했다. 그녀는 "우리는 이것을 매우 긍정적으로 봅니다. CSO가 있음으로써 상황이 약화하기 때문이에요. 그리고 더 큰 범죄들은 항상 발생해왔지만, 사람들이 신고하기에 안전하다고 느끼지 않았기 때문에 보고되지 않았던 거에요. 하지만 지금은 RCMP에 연락하도록 돕고 있어서 성공적이라고 봅니다"라고 말한다.

괴롭힘에 특히 취약한 여성들에게 추가적인 보호는 환영할 일이다. 랭은 한 여성이 원치 않는 낯선 사람으로부터 집까지 미행 당한 사건을 알게 됐다. 그 여성을 알고 있던 CSO는 그녀에게 괜찮은지 물은 후, 집 안까지 안전하게 안내했다. 나중에 그녀는 같은 CSO의 도움을 받아 이전에 일어났던 범죄에 대해 그 낯선 사람을 고소했다. "만약 그때 그들이 그곳에 없었다면 또 다른 공격이 일어날 수도 있었기 때문에 이 같은 사건은 주목할 만하다"고 랭은 말한다. CSO의 존재조차도 종종 억제 작용을 할 수 있다.

경찰과 시민의 문제적 관계에 대해 더욱 의식적으로 대응하고 있는 시대에 인구가 많은 곳은 이 모델의 성과로부터 배울 수 있을 것이다. 그렇다면 주요 도시에 맞춰 어떻게 접근할 수 있을까? "저희 프로그램은 대도시에 절대적으로 이로울 거예요"라고 랭은 말한다. "단지 각 커뮤니티나 도시 지역과 문화적으로 연관이 있어야 하고, 민중에서 시작되면 돼요. 안 그러면 맞지 않는다고 느껴져요." 현재, 랭과 그녀의 동료들은 프로그램을 위한 추가 자금을 확보하기 위한 계획을 세우고 있다. 그리고 머지않아 훈련 패키지에 참여하기 원하는 다른 퍼스트 네이션들을 위한 강의를 열 수 있길 희망하고 있다. 왜냐하면 결국 커뮤니티 순찰은 차별이나 폭력에 대한 대응 그 이상이기 때문이다. 이것은 사회와 유의미한 관계를 유지하고 사회에 참여하려는 소망을 반영하기도 한다.•

왼쪽: 커뮤니티 보안관의 배지. 경찰의 제복과 유사하지만 단속은 하지 않는다.

오른쪽: 경찰관들은 정신 건강 문제와 강한 압박감을 완화하는 방법에 대해 훈련받는다.

시프라 나랑 수리

Shipra Narang Suri

전염병, 자연재해 및 테러와 같은 위기가 국경과 경계를 초월한다는 개념은 현재의 기후에 기인한 것이다. 이러한 문제들을 완화하기 위해, 시프라 나랑 수리Shipra Narang Suri 박사는 모든 시민이 안전하고 조화롭게 살 수 있는 도시를 만드는 것을 그녀의 사명으로 삼았다.

유엔해비타트 UN-Habitat(United Nations Human Settlements Program)의 도시 관행 부문 책임자인 시프라 나랑 수리 박사의 업무는 안전한 삶을 찾아 도시로 이주하는 것이 인간의 권리라는 근본적인 생각에 뿌리를 두고 있다. 인도 출신이지만 케냐의 수도 나이로비에 살면서 일하는 수리는 도시계획가이자 지속 가능한 도시화를 위한 세계적인 옹호자이다. 유엔해비타트에서 그녀가 한 작업은 시민들을 위한 도시 지역을 변화시켰다. 그녀는 미얀마, 인도, 네팔, 방글라데시, 나이지리아를 포함한 신흥 경제국에서 거버넌스 평가와 도시 관리 프로그램을 수립했다. 수리는 도시의 사회 기반 시설과 조직적인 사안이 안전에 영향을 미치는 가장 큰 두 가지 요인이라고 믿는다.

그녀의 폭넓은 업무는 두 가지 이슈를 모두 다루며, 그녀는 도시 안전, 로컬 거버넌스, 분쟁 및 재난 후 복구 분야에서 20년 이상의 경험을 가지고 있다.

최근 몇 년 동안 세계 도시화에 상당한 변화가 있었다. 유엔해비타트는 2030년까지 전 세계 인구 10명 중 6명 이상이 도시에 거주할 것이며, 이러한 증가의 90% 이상이 아프리카, 아시아, 그리고 중남미에서 발생할 것으로 예측했다. "도시의 성장은 대부분 이주에 의해 일어납니다"라고 수리는 설명한다. "사람들은 경제적 기회를 찾기 위해 대도시로 오지만, 가뭄과 같은 서서히 발생하는 재해나 홍수나 해수면 상승과 같은 갑작스러운 재해 때문에 터전을 옮기기도 합니다." 소말리아와 케냐는 세계에서 가뭄이 가장 심한 나라에 속한다. 두 국가는 수리가 대규모 정착 프로그램을 수행한 곳이기도 하다. 또한, 유엔 개발 프로그램을 위해 그녀는 지속해서 심각한 홍수의 영향을 받는 방글라데시와 미얀마의 국가 및 지역 거버넌스의 질을 측정하고 개선하는 데 집중해왔다.

이러한 지역에 효율적인 도시계획이 없을 때, 그 영향은 광범위하다. 제대로 된 주택의 부족, 열악한 도로와 대중교통, 그리고 깨끗한 물과, 위생 및 전기에 대한 접근 부족은 빈곤, 실업, 범죄, 오염 및 건강 문제를 악화시킬 것이다. "이것이 저에게 가장 큰 도전이에요"라고 수리는 말한다. "우리는 시골과 도시를 별개의 것으로 그만 생각해야 해요. 별개가 아니에요. 이것은 연속체이기 때문에, 우리는 더 폭넓은 영토적 접근이 필요합니다."

소외된 커뮤니티의 이러한 문제들을 완화하는 것을 목표로 수리는 참가자들이 마인크래프트 비디오 게임으로 물리적 공공 공간의 개선 사항을 설계하는 프로그램인 블록 바이 블록 Block by Block을 만들었다. 유엔해비타트 본부가 위치한 나이로비의 시범 사업에서 지역 시민들은 새로운 공원, 운동경기장, 보행자 구역을 공동 설계해 한때 산업 지역이었던 곳을 되살렸다. "우리는 그들의 상상을 현실화하기 위해 게임 도구를 사용하고 지방 정부, 지방 당국, 민간 부문, 그리고 지역 사회 리더들과 함께 일했어요"라고 수리는 말한다. "이것은 일반적으로 계획 수립이나 설계 과정에서 발언권이 없는 사람들을 참여시키는 매우 흥미로운 과정이에요." 이 프로그램은 나이로비의 주지사가 도시 전체에 60개의 공공 공간을 추가로 복원하겠다고 약속하는 결과를 낳았다.

수리의 말에 의하면, 도시는 단지 아름다운 공간 이상의 것을 만드는 것을 목표로 해야 한다. 가장 취약하고 소외된 사람들이 환영받고 쉽게 이용할 수 있으며, 사람들이 만나고 대화를 나누도록 격려해야 하며, 무엇보다 갈등을 완화해야 한다. "도시 디자인은 갈등에 더 회복력 있는 사회를 건설할 필요가 있어요"라고 수리는 설명한다. "그러나 정치적인 약속과 정치적인 해결책 없이 빠른 해결책은 없습니다." 수리는 가장 훌륭하고 활기찬 공동체는 사회적, 경제적으로 혼합된 공동체라고 믿는다. "이러한 혼합을 만들어 내는 것이 바로 좋은 도시 디자인이며, 이는 다시 회복력을 만들어냅니다."

이전 페이지: 시프라 나랑 수리 박사는 더욱 안전한 도시를 옹호하는 세계적인 리더이다.

왼쪽: 수리의 많은 프로젝트와 계획들은 도시 지역을 더 안전하고 살기 좋은 곳으로 변화시켰다.

오른쪽: 케냐 나이로비에 본부를 둔 유엔해비타트 본부.

더 안전한 도시를 만들기 위해서는 고려해야 할 크고 작은 변수들이 많다. 그녀는 "물리적 환경에 대해 도시의 더 많은 지역으로 인프라를 확장하고, 밤에 빈 구역이 없도록 복합적 토지 이용을 해야 한다"고 말한다. 사람들이 거리에서 소규모 사업을 할 수 있도록 허용하면 도시들도 더 안전해진다. "이것은 거리를 지켜보는 눈과 지역 사회에 참여가 더 많아진다는 것을 의미해요. 만약 여러분이 작은 계획에 대해 말하고 싶다면, 거리 조명과 버스 정류장 배치와 같은 간단한 것들이 도움이 됩니다." 인프라 관련 개입을 넘어 더 깊게 뿌리 박힌 사회적 불평등을 해결하는 것은 더 안전한 도시를 만드는 데 중요하다. "인종 및 계급의 편견이 심한 곳은 안전하다고 말할 수 없고, 법치주의와 정의 의식이 없다면 안전한 사회를 만들 수 없어요. 따라서 이는 정말 거버넌스에 대한 문제이며, 우리는 좀 더 거시적인 접근법이 필요합니다."

소녀들을 위한 더 안전한 도시 Safer Cities for Girls는 인도 델리 소녀들의 안전을 위해 수리가 세운 장기 계획으로 전 세계 다른 도시에도 도입되었다. 이 계획에는 도시계획과 디자인, 치안 유지, 성 불평등에 대한 인식 제고, 정의 그리고 대중교통 내 성추행 피해자를 위한 지원 등이 포함된다. "우리는 도시를 안전하게 만들 수 있는 다양한 방법에 대해 논의했어요"라고 수리는 말한다. 그래서 청소년 친화적인 안전한 공공 공간을 만들고, 거리 조명을 더 많이 설치하고, 여성을 위한 공중화장실을 만들고, 버스 정류장과 CCTV 카메라를 더 많이 제공하고, 성희롱과 성차별에 대한 공교육을 널리 추진하는 등 많은 것들이 이루어졌다. 그녀는 "델리에 긍정적인 많은 변화가 있었지만, 뿌리 깊은 가부장적 문화를 해결하는 데 오랜 시간이 걸린다"고 말한다.

세계가 물리적 공간과 웰빙의 관련성에 대해 점점 더 인식하게 되면서 우리는 포용적이고 튼튼한 도시 지역을 건설할 무수한 기회를 갖게 되었다. 하지만 수리에게 이러한 기회들은 현명하게 실행되어야 한다. "기획자가 되는 것은 정치적인 일이에요. 누가 무엇을 얼마나 많이 가지느냐와 분배, 접근, 경제성 및 유효성이 관건이에요"라고 그녀는 말한다. 도시 성장이 모두에게 유리한 환경을 제공하기 위해서는 사고방식, 정책, 접근 방식이 과감히 변화해야 할 것이다. "그리고 각 지역의 상황에 대한 매우 높은 정치적 이해 없이는 그 어떠한 요소들도 해결될 수 없습니다." •

왼쪽: 난민과 지역주민들이 공동체를 강화하고 기회를 늘리는 다양한 워크숍에 참여한다.

오른쪽 위: 유엔해비타트에서 하는 일의 일환으로, 수리는 케냐의 칼로베예이 Kalobeyei에 있는 난민들을 위한 통합 정착 프로그램을 시행했다.

오른쪽 아래: 거주자들은 햇빛을 피할 수 있는 그늘진 구조와 같은 기반 시설을 짓는 데 관여한다.

시프라 나랑 수리

아마도 세상에서 가장 인도적인 감옥
배려 있는 건축물과 자연환경이
수용자들의 재활에 어떻게 도움이
될 수 있는가.

할덴 교도소
Halden Prison
HLM 아키텍투르 +
ERIK 아키텍테르
*HLM Arkitecktur +
ERIK Arkiteckter*
노르웨이, 할덴
Halden
2010

스칸디나비아 교도소에선 범죄자들의 성공적인 재활로 그들이 미래에 범죄 없는 삶을 살 수 있는 가능성을 높임으로써 우리 사회의 안전을 지켜준다는 철학에 뿌리를 둔 보다 인도적인 접근법을 향한 움직임이 나타나고 있다. HLM과 ERIK이 설계한 노르웨이의 할덴 교도소의 디자인은 필요한 보안 조치를 타협하지 않고도 교도소 건축이 이러한 정신을 따르는 데 있어서 할 수 있는 역할을 보여준다. 이 디자인의 핵심 요소는 자연이다. 교도소 건물들은 아름다운 숲속 풍경 속에 자리잡고 있다. 외벽은 콘크리트로 만들어졌지만, 내부 재료는 벽돌, 아연도금강판, 낙엽송으로 부드럽고 주변 경관을 반영하는 색으로 표현되었다. 철창의 사용을 피하고자 안전 유리로 만들어진 생활 시설의 긴 수직 창문은 수용자들이 더 많은 자연 일광을 누리고 계절의 변화를 볼 수 있게 해준다. 건물의 규모와 배치도 더 인도적이다. 평범한 일상을 만들기 위해 10~12개의 유닛으로 구성된 각각의 그룹은 하나의 거실과 부엌을 공유한다. 수용자들은 다양한 스포츠 및 교육 시설과 작업장을 이용할 수 있고 함께 새로운 생활 패턴을 만들도록 장려된다. 그 결과 수용자들 사이에 더 큰 존중심이 생겨나고, 이는 다시 그들의 재활에 도움을 준다.

오른쪽: 전 세계 대부분의 교도소와는 달리 할덴 교도소 설계의 핵심 요소는 부지를 둘러싸고 있는 자연이다.

왼쪽: 교도소는 벽화, 오락실, 개방된 주방, 도서관, 그리고 암벽과 같은 편의시설을 갖추고 있다.

왼쪽 위: 각 감방 또는 방은 풍경을 볼 수 있는 긴 수직 창이 특징이다. 이것의 긍정적인 면은 아무리 강조해도 지나치지 않는다.

왼쪽 아래: 건물의 획일적인 미학은 푸른 숲 풍경과 대조된다.

오른쪽: 자연을 누릴 수 있게 함으로써 죄수들에게 상대적 자유를 제공하고 그들이 사회로 더 순조롭게 복귀할 수 있도록 돕는다.

공공장소의 보행자 보호
테러 방지용 바리케이드가
매력적인 공공 시설물로 쓰이는 방법.

자동차 테러 공격이 우리 도시에 실질적인 위협이 됨에 따라 도시들은 거주민들의 안전을 향상하기 위한 새로운 방법을 모색하고 있다. 조 두셋의 디자인 수상작인 릴라이 보호형 공공 좌석은 지나가는 차량이 우발적 또는 다른 방법으로 위협을 가할 경우 벤치 좌석이 보호 장벽 역할을 하는 인본주의적 접근 방식을 취하고 있다. 3D 프린팅된 콘크리트 유닛은 여러 형태로 배치될 수 있으며 강철봉으로 연결돼 있다. 각 유닛의 무게는 1t으로, 충격을 받을 시 벤치가 단일 유닛으로 충격을 흡수하여 차량을 정지시킨다. 뉴욕에서 가장 번화한 교차로인 타임스퀘어 Times Square에 설치된 두셋의 디자인은 이러한 보호 기능이 공격성을 상기시키기보다는 미의 요소를 더하여 주변 환경을 개선할 수 있다는 것을 보여준다.

릴라이 보호형 공공 좌석
Rely Protective Public Seating

조 두셋 x 파트너스
Joe Doucet x Partners

미국, 뉴욕주, 뉴욕 시
New York City, NY, USA
2019

왼쪽: 뉴욕시의 분주한 타임스퀘어에 조 두셋이 디자인한 릴라이 보호형 공공 좌석이 설치됐다.

오른쪽: 무게가 1t이 넘는 이 좌석들은 원치 않는 차들에 대비해 바리케이드를 칠 수 있다. 또한 편히 쉴 수 있는 공간의 역할도 한다.

공중 화장실의 모습을 바꾸다
모두에게 더욱 안전한 공중 화장실을 만드는 방법.

도쿄의 시부야 지역의 프로젝트는 반 시게루 Shigeru Ban, 안도 다다오 Tadao Ando, 타무라 나오 Nao Tamura를 포함한 유명 건축가들이 디자인한 17개의 새로운 공중 화장실을 거리에 설치하는 것을 목표로 한다. 건축가들은 사생활과 보안의 필요성을 인지하여 여러 혁신적이고 흥미로운 방식으로 이러한 편의시설을 제안한다.

예를 들어, 타무라의 디자인은 경사진 지붕 아래에 3개의 칸막이가 있는 밝은 빨간색의 구조물이다. 일본의 전통적인 선물 포장 방법인 오리가타 origata에서 영감을 받은 이 디자인은 거리에서 칸막이로 입구를 가려 사적인 공간 안에 사용자를 감싸고 있다. 반이 디자인한 컬렉션 중 두 개는 사용하지 않을 때는 투명하지만 사용 중일 때는 불투명해 보이는 아름다운 색상의 유리로 만들어졌다. 그는 사람들이 공중화장실에 가지는 두 가지 기본적인 우려, 즉 청결함과 안에 사람이 있는지의 여부를 디자인이 다루고 있다고 말한다. 안도의 디자인은 편안함과 안전을 위한 궁극적인 형태인 원형이다. 넓고 둥근 지붕 아래에 있는 원통형 벽은 수직 루버로 되어 있어 주변 환경으로부터 빛과 바람이 건물 안으로 들어와 통풍되도록 만들었다.

도쿄 화장실
The Tokyo Toilet
일본 재단
The Nippon Foundation
일본, 도쿄
2020

왼쪽: 건축가 반 시게루의 하루노오가와 커뮤니티 공원. 색깔 있는 투명한 유리 벽은 사용 시 불투명해진다.

오른쪽: 요요기 후카마치 소공원은 건축가의 독특한 디자인으로 오렌지, 빨강, 그리고 보라색이 사용됐다.

야외에서 하는 환자 치료
야외 공간이 전염병의 치료와 회복을 돕는 새로운 방법.

이 아이티 병원에 대한 의뢰는 일반적인 의미의 의료 센터가 아니라 특별히 결핵 환자를 치료하는 곳이었다. 아이티는 서반구에서 전염성이 높은 질병 발생률이 가장 높다. 특히 다제내성 결핵이라는 한 변종은 질병의 초기 확산을 막기 위해 2개월에서 6개월의 입원이 필요하다. 치료로 인한 심각한 부작용과 함께 장기간의 은둔은 환자의 정신 건강에 해로울 수 있다. 이 설계의 초점은 전염 위험을 최소화하는 것뿐만 아니라 환자를 위한 보다 편안하고 힘이 되는 공간을 만드는 데 있다. 환자들은 전염 위험이 가장 낮은 야외 공간이 두드러지는 건물 중심부의 푸르고 그늘진 뜰에서 많은 시간을 보낸다. 모든 복도와 상담 공간은 외부에 있으며, 부겐빌레아가 덮인 대나무 가림막은 시각적 프라이버시를 제공한다. 또한 건물 내 환자 격리 스위트 32개 전체에 신선한 공기를 공급하는 투과성 소핏과 금속 루버와 같은 수동적 환기 전략으로 잠재적 전염을 줄일 수 있다. 아이티의 결핵 치료에 새로운 기준을 정립한 이 병원은 전 세계의 전염병 퇴치를 위한 모범 사례가 됐다.

게스키오 결핵 병원
GHESKIO Tuberculosis Hospital
매스 디자인 그룹
MASS Design Group
아이티, 포르토프랭스
Port-au-Prince
2015

왼쪽: 부겐빌레아와 대나무 가림막은 탁 트인 복도와 통로를 덮어 그늘을 제공하며 환기를 방해하지 않는다.

오른쪽: 병원의 병실은 전염의 위험을 최소화하는 것을 염두에 두고 인접해 있다.

왼쪽: 환자들은 건물 중앙에 위치한 푸르고 그늘진 뜰에서 쉴 수 있다.

우측 상단: 신선한 공기가 공간을 통하여 흐르게 함으로써 잠재적 감염을 줄여준다.

오른쪽 아래: 꽃과 나무의 풍경은 병원에 색, 그늘, 생기를 가져다준다.

물 회복 탄력적인 도시를 위해 스펀지 역할을 하는 공원
습지를 도시공원으로 설계하는 방법.

쿤리 우수 공원
Qunli Stormwater Park

투렌스케이프
Turenscape

중국, 하얼빈
Harbin

2011

투렌스케이프는 중국 북부의 새로운 준 자치 도시인 쿤리 중심지의 악화되어 가는 습지를 되살려 달라는 제안을 받았을 때 이 프로젝트를 이용해 도시의 또 다른 문제를 해결하고자 했다. 그것은 여름철에 빈번히 홍수와 침수 피해를 일으키는 폭풍우에 대처하지 못한다는 문제였다. 이 지역을 둘러싼 도시 개발은 습지와 수원을 차단하여 생태계를 사라지게 하였다. 투렌스케이프는 도심에서 모은 빗물의 여과 및 정화 장소 역할을 하는 둔덕과 연못이 습지 영역 바깥쪽으로 둘러싸도록 하여 두 가지 문제에 대한 해결책을 고안했다. 물은 필요에 따라 저장되고 습지로 방출될 수 있다. 한 걸음 더 나아가서, 건축가들은 연못 주위를 굽어 도는 망처럼 연결된 산책로와 탁 트인 풍경을 가로질러 멋진 전망을 제공하는 스카이워크를 포함하여 지역 주민들이 자연과 더 가까워지는 새로운 방법들을 도입했다.

오른쪽: 한때 사라질 위기에 처했던 습지 74에이커(30만m^2)가 녹음이 우거진 우수 공원으로 탈바꿈했다.

왼쪽: 플랫폼과 산책로는 공원을 걷는 내내 평화로운 산책을 경험할 수 있게 해준다.

184   안전한 도시

왼쪽 위: 공원은 지역 주민들에게 푸르른 환경 너머의 멋진 경치를 제공한다.

왼쪽 아래: 공중 산책로는 여가 활동을 미적 경험으로 바꾼다.

오른쪽: 공원의 플랫폼, 파빌리온, 전망대를 짓는데 대나무, 벽돌, 돌, 금속이 사용되었다.

도시농업을 통한 도시재생

안전한 식품 생산을 현지 규모로
재도입하는 방법.

도시농업 사무실
Urban Farming Office

VTN아키텍츠
VTN Architects

베트남, 호찌민시
Ho Chi Minh City

2020

점점 더 많은 건축가가 도시 경관에 녹지를 재조성하기 위해 눈을 돌리고 있다. 특히 급격한 도시화를 겪은 도시일수록 녹지 공간이 부족해 주민들에게 오염, 열섬 효과, 그리고 자연과 멀어짐을 초래했다. 호찌민시에 있는 VTN 아키텍츠의 도시 농업 사무실은 지역 식물들이 가득한 화분 상자들로 덮인 사무실 건물을 통해 균형을 맞추고자 했다. 수직농장으로서 안전한 먹거리와 푸른 전망을 제공할 뿐만 아니라 건물 전체에 미세 기후를 조성한다. 저장된 빗물이 공급된 초목은 건물 안으로 들어오는 직사광선을 여과시켜 공기를 정화한다. 동시에, 기화 현상은 공기를 식히고 파사드의 작은 구멍들은 교차 통풍을 증가시킨다. 이러한 친환경적 접근은 최소한의 에너지 소비로 쾌적한 환경을 제공하여 도시의 지속 가능한 미래에 기여한다.

왼쪽: 베트남 호찌민시에 있는 VTN 아키텍츠가 설계한 도시농업 사무실.

오른쪽: 파사드는 수백 개의 행잉 화분 박스로 만들어져 있어 지역에 절실히 필요한 녹지를 복원해 준다.

자전거 친화적인 도시를 반기다

자전거 이용자를 위한 고가도로가 더 깨끗하고 친환경적인 모빌리티를 장려하는 방법.

샤먼 자전거 고가도로
Xiamen Bicycle Skyway

디싱+베이틀링
Dissing+Weitling

중국, 샤먼
Xiamen

2017

더 푸르고 안전한 도시에 대한 요구가 증가하는 가운데, 이용하기 쉬운 잘 계획된 자전거 도로는 혼잡함과 오염을 줄이는 열쇠이다. 덴마크 건축 회사인 디싱+베이틀링은 지속 가능한 형태의 교통수단을 장려하는 것뿐 아니라 전 세계 도시에서 사용할 수 있는 솔루션을 개발했다. 이 컨셉은 보행자와 자전거 사이의 갈등을 해결하기 위해 코펜하겐 항구 지역에 처음 적용된 자전거 고가도로이다. 디싱+베이틀링은 중국 남동부 샤먼시에 세계에서 가장 긴 5mi(8km)의 자전거 고가도로를 설계했다. 샤먼 자전거 고가도로는 17ft(5m) 높이로 한 번에 자전거 2,000대를 수용할 수 있으며 시내버스 환승 노선 밑을 따라서 운행된다. 5개의 주요 주거 지역, 3개의 비즈니스 센터를 지나며, 11개의 버스 정류장, 2개의 지하철역과 연결된다. 이 길을 따라 보행교, 경사로, 로터리, 자전거 주차장, 서비스 파빌리온이 있다. 이 프로젝트는 도시 주민들이 바퀴 네 개 대신 두 개를 사용함으로써 건축물이 어떻게 도시 경관을 더 접근하기 쉽게 만들 수 있고, 도시를 더 푸르고 깨끗하게 만들 수 있는지를 보여준다.

오른쪽: 조감도로 볼 때, 곡선의 녹색 자전거 고가도로는 인상적인 공공시설이다.

왼쪽: 이 프로젝트는 샤먼 주민들에게 운전 대신 자전거를 타도록 장려하여 도시 오염을 줄이고 건강을 증진한다.

이질적인 이웃 간의 사회적 응집력 개선하기

공공 공간이 지진 피해 정착지의 주민들에게 새로운 피난처를 제공하는 방법.

타피스 루즈
Tapis Rouge

EVA 스튜디오
EVA Studio

아이티, 포르토프랭스
Port-au-Prince

2016

포르토프랭스의 카르푸-푀이으 인근 언덕 꼭대기에 위치한 타피스 루즈는 LAMIKA 프로그램을 통해 지어진 여러 공공장소 중 하나로, 미국 적십자 자금을 지원하고 비영리 글로벌 커뮤니티에 의해 시행됐다. LAMIKA는 아이티 크리올어로 "내 동네에서의 더 나은 삶 *a better life in my neighborhood*"이란 뜻의 약어로, 더 안전하고 깨끗한 환경을 만드는 것을 목표 중 하나로 두고 있다.
EVA 스튜디오는 커뮤니티 참여를 설계 과정의 핵심으로 두어 커뮤니티 모임을 위한 원형 극장을 만들었다. 좌석, 운동기구, 그리고 토착 식물들이 심어진 테라스가 그 외 동심원에 자리하고 있으며, 야자수가 지하 300ft*(100m)*에 있는 우물의 물 저장 탱크를 숨기고 있다. 물 판매로 발생한 모든 수익금은 공간 유지에 재투자된다. 부지 둘레를 따라 이어지는 벽면에는 지역 예술가와 주민들이 그린 다채로운 벽화가 그려져 있고, 어린이와 여성, 노약자들이 안전하게 정착촌을 거닐 수 있도록 태양광 조명이 조성돼 있다. 2010년 지진으로 큰 피해를 본 카르푸-푀이으에서의 삶은 위태롭다. 이곳은 여전히 전기와 수도의 사용이 불안정하며, 사람들의 집도 여전히 취약하다. 그런데도 이 단순한 공공 공간은 커뮤니티가 공유하고 육성할 수 있는 실질적인 무언가를 제공한다.

왼쪽: 포르토프랭스 카르푸-푀이으에 있는 원형 극장을 중심으로 한 공공장소 타피스 루즈.

오른쪽: 운동 기구는 사회적 참여를 촉진하고 더 건강하고 안전한 환경을 조성한다.

위: 공공 경기장은 언덕 꼭대기에 있으며, 콘크리트 블록으로
지은 집들로 둘러싸여 있다.

타피스 루즈

운전자 없는 미래의 탐색
자율 주행 자동차가 우리의 일상을 개선하는 방법.

바퀴 위의 공간
Spaces on Wheels
스페이스10 + 폼 스튜디오
SPACE10 + f°am Studio
콘셉트
2018

특히 도시에서 자율주행차의 보편화는 가까워졌다. 교통사고의 90%가 사람의 실수로 인해 발생하기에 이는 좋은 소식이다. 그러나 정책 입안자들은 이 새로운 기술에 대해 관망하는 태도를 취하고 있다. 자율주행차는 도시를 더 살기 좋고, 공평하고, 지속 가능하고, 안전하게 만들 수 있지만, 우리가 미래를 위한 결정을 확실히 내려야만 가능해진다. 만약 자율주행차가 재생에너지로 운행되는 공유 서비스로 개발되면 마지막 단계의 연결성을 갖춰 대중교통을 보완할 수 있고, 도시 내 차량 대수도 90%가량 줄일 수 있다. 스페이스10과 폼 스튜디오는 자율주행차의 사회적 잠재력을 더욱 구체화하기 위해 7가지의 자율주행차와 사람들이 바퀴 위의 공간을 예약하고, 그들의 현관에 도착하는 것을 증강현실로 볼 수 있는 앱을 디자인하였다. 이 재미있는 연구 프로젝트는 자율주행차가 어떻게 도로의 안전을 높이고, 도시에서 더 나은 건강을 보장하며, 혼잡함을 줄이고, 궁극적으로 우리의 일상을 개선할 수 있는지 탐구한다. 바퀴 위의 사무실은 근로자들에게 원격으로 먼저 일을 시작하거나, 출근하면서 회의 할 수 있는 기회를 제공한다. 또한, A에서 B로 이동할 때도 바퀴 위의 카페에서 사람들과 어울릴 수 있다. 바퀴 위의 의료 서비스, 바퀴 위의 농장, 바퀴 위의 상점은 의료 지원, 신선한 음식, 그리고 큰 소파나 사람들에게 필요한 다른 제품들을 직접 가져다준다.

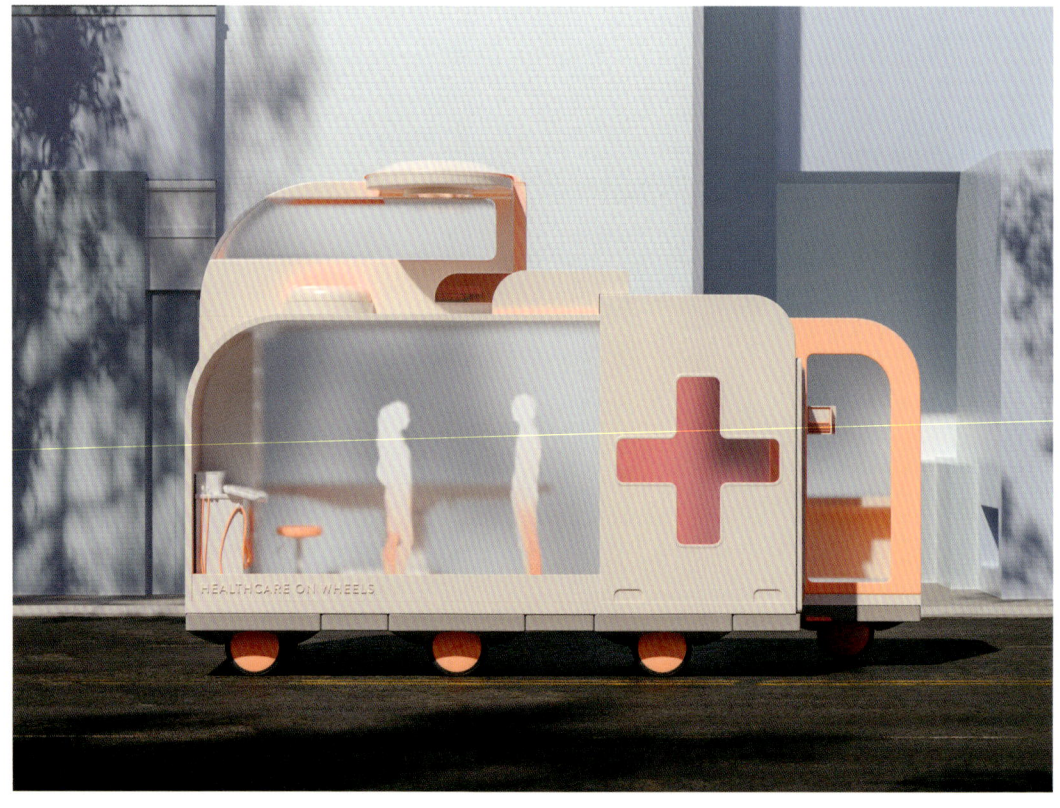

왼쪽: 바퀴 위의 공간은 자율주행차가 어떻게 이동식 의료 클리닉과 같은 형태를 취할 수 있는지를 탐구한다.

오른쪽 위: 또 다른 개념은 이동 중인 사람들에게 건강한 지역 농산물을 제공하는 바퀴 위의 농장이다.

오른쪽 아래: 바퀴 위의 사무실은 근로자들에게 원격으로 먼저 일을 시작할 기회를 제공하는 한편, 자가용과 같은 속도로 출발지에서 도착지까지 이동할 수 있는 교통수단을 지하철 티켓 가격으로 제공한다.

살고 싶은 도시

살고 싶은 도시는 머물기 즐거운 도시다. 휴먼 스케일로 설계되어 걸어서 15분 이내에 모든 것을 접할 수 있다. 살고 싶은 도시는 호기심, 감탄, 그리고 발견을 끌어내 인간의 밝은 면을 북돋우는 도시이다. 이것은 문화, 예술 및 활동과 함께 휴식, 웰빙, 배움을 위한 매력적인 공공장소를 제공하여 활기찬 공공 생활을 돕는다.

**함께하는 기쁨과
보는 즐거움**

눈을 감고 당신이 상상할 수 있는 가장 기분 좋은 도시를 상상해 보세요. 당신의 이상적인 도시의 거리는 어떻게 생겼나요? 차들이 보이나요? 상점들? 노점상? 주변에는 무엇이 있나요? 어떤 느낌인가요?

당신은 아마도 벽돌로 된 마을 주택, 잎이 무성한 나무들, 그리고 북적거리는 모퉁이 카페가 늘어서 있는 넓은 인도 위의 자신을 발견했을 것이다. 아니면 식당과 가게에서 번쩍이는 불빛과 사람들로 가득한 활기 넘치는 광장에, 아니면 사람들이 책을 읽거나 쉬고, 운동하는 조용한 운하, 공원 또는 해변 옆에 있는 자신을 발견했을 것이다. 당신이 무엇을 상상하든, 8차선 고속도로, 특징 없는 고층 건물, 어두침침한 텅 빈 거리는 그곳에 없었을 것이다.

인간으로서 우리는 자연스럽게 특정한 환경에 끌린다. 우리는 로마, 도쿄, 리우데자네이루 같은 곳에 끌린다. 바르셀로나, 브루클린, 방콕, 파리, 하노이, 멕시코 시티. 무언가가 이 도시들을 매력적으로 보이게 만든다. 이것은 높은 고용률이나 낮은 범죄율과 아무런 관련이 없다. 이 도시에 있으면 좋다는 것을 우리는 몸으로 느끼는 것이다.

우리는 본능적으로 어떤 도시에 끌린다. 우리는 다른 문화와 기후에 살지만 모두 같은 종이다. 우리는 똑같이 걷고 똑같이 오감을 통해 우리의 환경을 즐긴다. 이것은 우리가 원하는 건물과 공간의 종류에는 공통된 특성이 있다는 것을 의미한다.

살고 싶은 도시는 머물면 기분 좋은 도시이며, 우리의 모든 감각을 활성화한다. 이런 도시는 보기 좋고, 기분이 좋고, 냄새가 좋으며, 사람의 귀에 듣기 좋은 소리의 풍경이 있다. 동네마다 지역에 활기를 불어넣고 공동체 의식을 다지는 다양한 공공 공간을 제공한다. 살고 싶은 도시는 즐거우며 호기심, 기쁨, 발견을 선사하고, 문화, 예술, 활동을 공평하고 평등하게 이용할 수 있는 활기찬 생활이 있다. 그리고 직장, 건강, 교육, 여가, 스포츠와 같은 우리의 기본적인 필요를 모두 제공한다. 또한 모험, 재미, 감탄도 준다. 살고 싶은 도시의 스케일은 개인에 맞춰져 있다. 자전거나 도보로 이동하기 쉽고, 대중교통 시스템은 도시를 안전하고 효율적인 방법으로 연결한다.

왼쪽: 서울로 7017 스카이가든은 걷기를 장려하기 위한 고가 선형 공원으로 MVRDV가 설계하였다.

오른쪽: 겔 아키텍츠 *Gehl Architects*가 설계한 덴마크 코펜하겐의 올후스가덱바르테레트 *Århusgadekvarteret*에는 사람들을 위한 많은 좌석과 휴식 공간이 있다.

사람들을 위한 장소를 디자인하기   "전 세계의 문화와 기후는 다 다르지만, 사람들은 같아요. 만약 그들에게 모일 수 있는 좋은 장소를 제공한다면, 그들은 모일 거예요"라고 건축가이자 도시 디자이너인 얀 겔은 말한다.

얀 겔이 평생 해온 도시계획에 대한 연구가 우리에게 가르쳐 주는 것이 있다면, 그것은 인간이 사회적 동물이며, 빌딩들 사이에서 도시의 삶이 만들어진다는 것이다. 겔은 인간이 본성적으로 다른 사람들과 함께 있고 싶어 하는 무언가가 있다는 것을 발견했다. 그래서 이상적인 도시는 공원, 놀이터, 광장, 스포츠 시설, 그리고 야외 좌석을 위한 충분한 공간이 있는 넓은 보도와 같이 활력 넘치는 공공 공간으로 가득하다.

이상적인 도시는 사회적 상호작용의 기회를 제공하지만, 평온히 쉴 수 있는 공간도 제공한다. 우리가 공공 벤치를 세우든, 녹지를 조성하든, 새로운 광장을 디자인하는, 사람들이 서로와 도시를 경험하고 즐기고 교류하도록 돕는다. 흥미로운 공공 공간은 우리가 만나고 서로 지켜보면서 더욱 안전하고 포용할 수 있는 도시를 만든다.

우리는 이런 예를 아틀리에 마소미*Atelier Masōmī*가 니제르의 단다지*Dandaji*에 있는 야외 시장을 위해 디자인한 형형색색의 캐노피 시리즈에서 볼 수 있다. 재활용 재료로 만들어진 캐노피는 52개의 노점 사이에 있는 활엽수처럼 상인과 손님들을 햇빛과 비로부터 보호해준다. 이렇게 단순하고 시각적으로 눈에 띄는 개입이 사람과 상점 모두를 끌어모으는 쾌적한 공공 공간을 만들어 결과적으로 지역경제를 활성화한다.

스페인 오데나*Ódena*의 플라자 마요르 *Plaza Mayor*는 SCOB 건축과 조경에 의해 탈바꿈되어 방문객들을 위한 새로운 만남의 장소가 되었다.

자동차로부터 도시를 되찾다   스페인의 작은 도시 오데나에서는 시청 앞에 여섯 개의 주요 도로가 교차했었다. 2019년에 시는 이 교차로를 리모델링해 차량을 없애고 교차로를 공공 광장으로 탈바꿈시켜 시민들이 누릴 수 있는 즐거운 만남의 장을 마련했다. 이것은 간단하고 효과적이었다.

공간이 부족한 도시에서 자동차는 너무 많은 공간을 차지한다. 자동차 한 대가 자전거 20대만큼의 많은 공간을 차지하고, 하루 중 대부분은 사용되지 않은 채 비어 있는 차들이 거리에 줄지어 주차돼 있다. 이것은 위험할 뿐만 아니라 교통사고를 처리하느라 의료체계에 부담을 준다. 자동차에 의존하는 것은 도시를 시끄럽게 만들고, 오염시키며, 교통체증을 일으키고, 돌아다니기 어렵게 만든다. 이는 우리의 시간이 낭비되게 하고, 삶의 질을 떨어뜨리며, 도시의 경제를 둔화시킨다.

이상적인 도시에서는 자동차보다 사람을 우선시한다. 교통 체증이 심한 교차로를 보행 광장으로 바꾸고, 주차장을 공원으로 만들고, 학교 옆에 아이들을 위한 안전하고 즐거운 거리의 풍경을 만든다.

걸어 다닐 수 있고 자전거도 탈 수 있는   우리는 여전히 돌아다녀야 하므로 이상적인 도시는 두 발과 두 바퀴로 살 수 있도록 설계되었다. 넓은 보도와 보호받는 자전거 도로가 주요 특징이다. 이는 모두에게 차분하고 안전한 도로를 보장하고, 우리를 활동적으로 만들며, 공공 생활을 위한 많은 공간을 제공한다.

살고 싶은 도시는 걸어 다닐 수 있으며, 매력적이고, 저렴하며, 효율적인 대중교통이 있는 동네를 연결하는 곳이다. 또한, 우리를 더 행복하고 건강하게 만드는 것 외에도 기후 위기의 영향을 완화할 수 있도록 도움을 준다.

세계에서 가장 밀집한 대도시들도 보행자들을 위한 공간을 되찾을 수 있는 방법을 찾았다. 한국 서울에서는 네덜란드 건축가 MVRDV가 1970년대 고가도로의 0.5mi(약 1km) 이상을 24,000그루의 나무, 관목, 꽃을 심어 공중 선형 공원으로 변화시켰으며, 한때 콘크리트로 덮여있던 청계천은 현재 보행 동선이 되었다. 그리고 뉴욕의 폐기된 철도를 개조한 세계적으로 유명한 하이라인*High Line*도 빼놓을 수 없다.

모든 것이 가까운 거리에   이상적인 도시에서는 모든 사람들이 짧은 산책이나 자전거로 일상의 필요를 충족시킬 수 있다. 신선한 음식, 식료품, 쇼핑, 직장, 교육, 오락, 약국, 그리고 의료 서비스까지 모두 집에서 15분 이내로 접할 수 있어야 한다.

복합적이고 잘 계획된 도시는 긴 통근의 필요를 줄여준다. 이상적인 도시에서는 많은 유형의 가구가 일하는 곳과 더 가까운 곳에 살 수 있도록 서비스 지역을 재조정하고 분산시킨다. 우리는 동네마다 주택의 유형, 규모,

가격을 다양하게 배치한다. 그리고 건물들은 하루 중에도 다양하게 사용된다. 학교는 밤에 사회적 활동을 제공하고, 아파트 타워는 업무 공간으로 활용된다.

파크 앤 플레이*Park 'n' Play*로 불리는 파킹 하우스 + 콘디타게트 류더스*Parking House + Konditaget Lüders*는 고층 주차장처럼 멋지지 않은 것도 재미있을 수 있다는 것을 보여준다. 자자 아키텍츠*JAJA Architects*가 디자인한 이 녹슨 느낌의 구조물은 식물이 가득한 파사드를 따라 지그재그로 된 계단이 특징이며, 오가는 사람들을 옥상 놀이터로 초대한다. 아이들은 구름사다리에서 놀며 탁 트인 코펜하겐 항구를 내려다볼 수 있다.

즐거운 시간을 가지는 것을 잊지 않기　이상적인 도시는 공공 예술, 활기찬 나이트 라이프, 어디서나 공공 행사를 할 수 있는 유연한 규칙 등으로 일상적인 공간에 호기심, 감탄, 발견을 불어넣는 곳이다.

베를린 기반의 예술가 예페 하인*Jeppe Hein*의 작품은 가장 기능적인 도시 기반 시설이 어떻게 우리를 미소 짓게 할 수 있는지를 보여주는 좋은 예이다. 밝은색으로 칠해 진 그의 변형된 소셜 벤치들*Modified Social Benches*은 롤러코스터의 루프*loop-de-loops*부터 복잡한 미끄럼틀과 구불구불한 곡선에 이르기까지 모든 종류의 형태를 취한다. 이 벤치들은 도시 사람들의 이목을 끌고 그들 사이에 소통을 끌어내기도 한다.

덴마크의 자자 아키텍츠가 만든 파킹 하우스 + 콘디타게트 류더스. 옥상은 대중의 놀이터가 되기도 한다.

흥미롭게 만들기　얀 겔은 "근대주의 시대에서 본 단조로움을 우리는 싫어하게 되었다."고 말했다. 이상적인 도시는 친밀함과 웅장함, 조용함과 시끌벅적함, 일과 놀이, 그리고 가장 중요한 실용적인 것과 감성적인 것을 조합할 수 있기에 매력적이다. 도시의 잘 구축된 서비스는 강력하고 효율적이다. 쓰레기가 수거되고, 모두가 대중교통을 이용할 수 있고, 좋은 학교와 의사들이 있다. 다른 한편으로는, 기쁨을 불러일으키고 우리의 감정을 사로잡는 많은 특징이 있다.

우리가 필요로 하는 도시는 단순히 생활을 위한 기계가 아니다. 이상적인 도시는 우리에게 이야기를 건네는 성질을 지녔다. 비록 왜인지 이유를 딱 꼬집어 말할 수 없더라도 이상적인 도시에 있으면 기분이 좋다.●

겔 아키텍츠

Gehl Architects

202 살고 싶은 도시

덴마크의 저명한 겔 아키텍츠Gehl Architects는 그들의 참신한 사고방식을 통해 우리가 좀 더 인간 중심적으로 공공 공간의 설계에 접근한다면 모두의 삶의 질을 크게 향상할 수 있다는 것을 보여주었다.

겔 아키텍츠는 자동차의 우위가 아닌 보행자와 자전거 이용자들에게 특권을 부여하는 도시 개발 프로젝트로 세계적으로 알려져 있다. 이 회사는 살기 좋은 도시 운동의 대부이자 덴마크 건축가, 도시주의자, 그리고 50년 이상 사람들을 위해 도시를 개선해 온 연구자 얀 겔에 의해 설립되었다. "호모 사피엔스가 어디에 있든, 우리는 그들을 위해 무언가를 할 수 있어요"라고 얀 겔은 말한다. "작은 마을일 수도 있고 대도시일 수도 있지만 모두 같은 종이 살기 때문에 상관없어요." 우리가 "타인에게 대단히 지향적"이고, 좋은 도시는 "개인들 간의 접촉이 일어날 수 있도록" 우리의 타고난 사회적 측면을 촉진해야 한다는 그의 철학을 구성하는 원리를 발전시키기 위해 엄청나게 많은 생각과 연구를 쏟았다.

　60여 년 전 코펜하겐에서 이야기가 시작되는데, 겔은 자동차를 사랑하는 덴마크의 수도를 세계에서 가장 살고 싶은 곳 중 하나로 점차 변화시키는 데 도움을 주었다. "60년대에 우리는 사람들이 건물과 공공장소와 관련해 어떻게 행동하는지 알아내기 위해 긴 일련의 연구를 시작했어요"라고 그는 말한다. "우리는 물리적 환경이 사람들이 하는 일에 어떻게 영향을 미치고, 그들을 번영하게 하는지에 대해 많은 것을 알게 됐어요." 그것은 바로 사람들이 살고 있는 도시와 교류할 수 있는 공간이 주어질수록 도시와 교류하는 데 더 많은 시간을 보낸다는 것이다.

　겔은 이 연구를 통해 정책 입안자들에게 코펜하겐 시민들을 위해 더 많은 편의, 안전, 안락함을 제공하기 위해 단계별로 코펜하겐을 체계화하라고 조언했다. 여기에는 자동차 교통의 중심 도로였던 스트뢰에*Ströget*를 폐쇄하고, 주차를 허용했던 18개의 공공 공간을 보행자 광장으로 바꾸고, 자전거 도로, 공공 벤치, 카페 의자와 테이블이 거리에 넘쳐나도록 더 많은 공간을 추가하는 것이 포함된다. 현재는 보행자들이 누릴 수 있는 공간이 7배 더 많아졌고, 이는 결국 즐길 수 있는 더 많은 문화 행사와 활동을 만들어낸다. 결국 겔의 "기본적인 목표는 사람들이 개인 주거지 밖에서 가능한 한 많은 시간을 보내는 것이다."

　2000년에 그는 그의 제자이자 현 CEO인 헬레 쇠홀트*Helle Søholt*와 함께 동명의 건축 회사를 설립했다. 회사는 현재 국제적으로 도시들을 위한 프로그램과 전략을 설계하고 있다. "그때 얀은 64세였고, 저는 꽤 어린 28세였어요"라고 쇠홀트는 설명한다. "저는 에너지가 넘쳤고 우리가 계획의 패러다임 전환을 통해 세상을 바꿀 수 있다고 믿었어요." 두 사람은 모더니즘과 오토모빌리티의 20세기 모델에서 벗어나 새로운 세기를 위한 새로운 접근법을 도입하려고 노력했다. "지속가능성에 대해 더 종합적으로 생각하고 인간의 요구를 이해하고자 했어요"라고 쇠홀트는 말한다. 회사는 그들의 가치의 많은 부분을 "사람 우선"이라는 격언으로 요약한다. "이는 도시가 모든 사람들에게 공평하고 건강한 장소가 되어야 한다는 것을 의미해요"라고 그녀는 덧붙인다. 회사는 다른 많은 도시에서 따라 한 자동차가 아닌 사람*people-not-cars* 모델을 만들어냄으로써 도시 디자이너들의 공동의 태도를 변화시켜 시민 중심의 미래를 위한 길을 열었다.

　회사는 브로드웨이에 보행자를 위한 공공 공간을 늘리고 의자, 테이블을 설치하고 엔터테인먼트를 위한 공간을 만들어 뉴욕의 상징적인 타임스퀘어를 새롭게 구상하는 등 전 세계 프로젝트를 수행해 왔다. 브로드웨이 블러바드 시범운영이 개입되기 전까지 이 지역은 차들로 꽉 막히고 혼잡하며 보행자들에게 위험했다. "우리가 뉴욕에서 진행할 때 사람들은 이런 약소한 유럽식 아이디어는 통하지 않을 것이라고 했어요. 여기는 뉴욕이니까요. 하지만 이러한 변화는 공간을 만드는 순간 다른 나라의 장소들과 매우 비슷하게 행동할 수 있음을 보여줬어요"라고 겔은 말한다. 긍정적인 반응은 즉각적이었다. 회사는 최대 86%의 사람들이 자리에 앉거나 다른 사람들을 만나거나 사람들을 보기 위해 그 공간에 오며, 26%의 사람들이 휴식을 위해 사무실에서 나온다는 것을 알게 되었다.

　다른 주요 프로젝트로는 살기 좋은 도시로 꾸준히 상위를 차지하는 멜버른, 시드니, 밴쿠버와 같은 지역의 거리 환경을 개선하는 것이 있다. 최근 모스크바에서 한 업무는 회사가 처음으로 러시아 연방에 진출한 사업이다. "사람들이 공공장소에서 완전히 밀려났어요."라고 그는 설명한다. "소련이 몰락한 이후 자동차에 대한 애정이 높아졌어요. 모스크바는 차들로 넘쳐났기 때문에 사람이 있을 공간이 없었어요." 겔의 조언에 따라 대로와 도로가 넓어졌고 인도와 벤치가 주차 공간을 대체하며 나무가 심어졌다. "이것이 공공 생활의 폭발적 증가를 이뤄냈어요"라고 그는 말한다. "모스크바에도 뉴욕처럼 즐거운 활동을 할 수 있는 공간이 많아졌죠."

이전 페이지: 회사 덕분에 샌프란시스코의 마켓 스트리트 Market Street는 2020년에 차 없는 거리가 되었다. 이곳은 이제 활기찬 공공 생활의 중심지가 되었다.

오른쪽: 맨해튼 타임스퀘어의 보행자 전용 구역은 사랑받는 공공 공간이 되었다.

쇠홀트도 이에 동의한다. "우리가 더 인간적이고 살고 싶은 도시를 만들기 위해 어떻게 공간을 활성화하고 다시 생각할 수 있는지를 보여주는 좋은 예에요"라고 그녀는 말한다. 이것이 바로 1980년대 중반에 군사 독재 정권이 끝난 이후 도시계획에 뒷전이었던 브라질의 무질서한 도시 상파울루에서 회사가 달성하고자 한 것이다. "저희가 관여했을 때 이곳은 매우 어렵고 위험한 곳이었고 많은 공공장소가 기능을 상실했었어요"라고 그녀는 설명한다. 4개의 시범 프로젝트 중 하나였던 상파울루 시내의 라르고 드 사오 프란시스코 *Largo de São Francisco*를 보행자들에게 더 안전하도록 재설계한 후, 피크 시간대에 통행하고 머무는 사람들의 수는 237% 증가했다. 이 지역은 학생들로 붐비는 대학가이다. 주차 구역을 야외 작업공간과 운동 공간이 있는 공원으로 바꾸면 더 많은 주간 및 야간 활동이 생길 수 있다. "이제 젊은이들이 이 공간에 관심을 가져요. 정말 긍정적이에요. 사오 프란시스코가 그 시작이에요"라고 쇠홀트는 말한다.

이와 비슷한 방식으로 회사는 캘리포니아주 샌프란시스코에서 수년간의 대대적인 연구와 개입을 마무리하며 도시에서 번잡하기로 악명 높은 교통 통로인 마켓 스트리트 *Market Street*에 모든 차량을 금지한 후 개방하였다. 그들이 관여하기 전까지 그곳은 노후한 인프라로 혼잡한 대로였다. "상파울루처럼 그곳은 안전하지 않았고 사회적으로 상당히 어려운 지역이었어요. 그곳이 그곳에 살고 있는 커뮤니티에게 가치 있는 장소가 될 수 있다고 생각하도록 의사결정자들을 변화시키는 것이 어려웠어요." 2020년에 도시의 "척추"인 마켓 스트리트의 대부분은 마침내 차 없는 곳으로 바뀌었고, 이제 더 많은 사람들이 지역 상점과 명소를 찾으며 더 조용하고, 더 쉽게 이용할 수 있고, 지속 가능하고, 즐길 수 있는 장소가 되었다.

겔에게는 더 살고 싶은 도시를 만들기 위해서 경험적 다양성이 필요하다. "눈에 영감을 줄 수 있는 무언가를 위해 기능적이고 시각적인 다양성이 있어야 해요." 하지만 궁극적으로 사람들에게 가장 중요한 것은 다른 사람들이라고 겔은 말한다. "저는 호모 사피엔스가 직접적인 접촉 없이는 살 수 없다고 굳게 믿어요"라고 그는 말한다. "우리는 다른 사람들을 만나고, 보고, 접촉해야 해요. 우리는 이것을 스킨 헝거 *skin hunger*라고 불러요." 쇠홀트도 동의한다. "인간으로서 우리는 사실 다른 사람들에게 많이 의존해요. 물리적 환경이 다른 사람들과의 관계를 더 유지할 수 있게 해 줄수록 우리는 더 잘 지낼 수 있어요." 앞으로 수십 년 안에 인구가 급증할 것으로 예상되는 도시들을 가능한 한 탄력적이고 살기 좋은 도시로 설계하는 것은 매우 중요하다. •

왼쪽: 회사의 작업 덕분에 상파울루 시내의 라르고 드 사오 프란시스코는 이제 보행자들에게 더 안전한 곳이 되었다.

오른쪽: 시범 프로젝트 시리즈는 자동차보다 사람을 우선시하여 주차 구역이었던 곳은 도시공원으로 변하였다.

셀가스카노

SelgasCano

마드리드에 본사를 둔 건축 스튜디오 셀가스카노*SelgasCano*는 대부분의 회사와 다르다. 그들의 생동감 넘치는 프로젝트는 우리의 삶을 색채와 식물로 채우고, 우리가 만든 환경을 가능한 한 생물이 다양한 곳으로 만드는 것을 목표로 한다.

도시를 살고 싶은 곳으로 만드는 방법은 여러 가지가 있다. 수십 개의 거주 적합성 지표가 도시의 녹지, 레크리에이션 옵션, 이동 편의성 등을 평가하는 자체 지표를 만들었다. 그러나 회사의 듀오 호세 셀가스José Selgas와 루시아 카노Lucía Cano에게 정말 중요한 것은 자연의 존재다. 그들은 우리가 자연과 연결되고자 하는 깊은 욕구가 있고 그렇게 함으로써 우리가 결과적으로 더 행복하고 건강해질 것이라는 믿음을 가지고 있다.

"도시의 가치를 측정하고 싶다면 심겨 있는 나무의 개수를 세어보세요"라고 셀가스는 재치있게 말한다. "나무는 유익할 뿐만 아니라 필수적이에요." 도시에 더 많은 자연을 접목함으로써 얻을 수 있는 세 가지 주요 이점이 있다. 기후 변화의 속도를 늦출 수 있고, 대기 오염을 개선할 수 있으며, 우리의 정신 건강과 웰빙을 향상할 수 있다. 이것은 회사가 정확하게 인식하고 있는 요소들이다. 최근 몇 년 동안 셀가스카노는 자연환경에 중점을 둔 다양한 종류의 실험적이고 색채 친화적인 프로젝트를 수행해 왔다. 강한 색채와 대형의 물결 모양으로 구분되는 그들의 모험은 보기 드문 정신과 물질성에 대한 부지런한 연구를 녹여낸다. 현대의 회사들은 식물상, 색채 및 최첨단 재료를 가지고 이처럼 영리하게 실험한 적이 거의 없다. 그러나 스튜디오는 더 겸손하게 자신을 표현한다. "우리는 그 장소에 존재하는 자연을 존중하고 싶다는 의미에서 우리 자신을 정원사이자 건축가라고 생각해요. 만약 존재하지 않는다면, 우리는 더 채우고 싶어요. 나머지는 별로 신경 쓰지 않아요."

콘크리트 구조물과 유리 고층 건물이 지배적인 현재의 건축 시대에서 셀가스카노는 허점을 찾는다. "질문은 '어떻게 모든 곳에서 자연을 구현하지 않는가?'가 되어야 해요. 우리는 계속해서 건물을 짓고, 자연을 파괴하고 있어요. 자연은 사라질 거고, 다른 선택의 여지가 없어요"라고 셀가스는 경고한다. 셀가스카노는 자연과의 근접성 외에도 색이 인간의 경험에 필수적이라는 것을 깨달았다. 1998년에 설립된 이 회사는 스페인의 성공적인 프로젝트를 담은 카탈로그 덕분에 세계적으로 인정받게 되었다. 불룩한 오렌지색 지붕 아래에 다른 세계 같은 놀이터, 스케이트 공원, 레크리에이션 센터가 있는 메리다Mérida의 팩토리아 호벤Factoría Joven과 유백색의 최첨단 플라스틱으로 덮고 트래픽콘 같은 오렌지색으로 강조한 아름다운 건물인 카르타헤나Cartagena의 엘 바텔 오디토리엄과 컨벤션 센터El Batel Auditorium and Convention Center가 있다.

플라스틱으로 건축하는 것이 지속 가능하고 구조적인 건축물을 만드는 데 역효과를 내는 것처럼 보일 수 있지만, 그러한 의도적인 모순은 친환경 건축의 새로운 방법을 연구할 때 부부의 작업에 많은 부분을 말해준다. 셀가스는 많은 천연 제품과 비교할 때, 카르타헤나 오디토리엄 파사드에 사용된 폴리머 시트인 ETFE와 같은 일부 인공 재료가 실제로는 생산과 설치에 에너지를 덜 사용하며 "이것이 자연을 위해 우리가 할 수 있는 가장 좋은 일 중 하나"라고 주장한다. 카세레스 주Cáceres에 있는 플라센시아 오디토리엄과 의회 센터Plasencia Auditorium and Congress Center도 ETFE로 만들어졌다. 이것의 각진 모양은 거대한 운석과 닮았다. "이것은 마치 아름다운 풍경 한가운데 있는 UFO 같아요"라고 셀가스는 묘사한다. 이 반투명 건물과 채색된 경사로는 리우데자네이루에 있는 우주선 같은 구조, 드라마틱한 절벽 끝의 위치, 그리고 나선형의 붉은 경사로를 가진 브라질 건축가 오스카 니마이어Oscar Niemeyer의 니테로이 현대 미술관Niterói Contemporary Art Museum과 비교되어 왔다.

그러나 재구성한 물질성과 상상력이 넘치는 형태를 넘어서 셀가스카노의 다양한 프로젝트들은 사람들을 배려한다는 점에서 비슷하다. 즉, 남녀노소를 불문하고 사람들이 쾌적한 실내외 경험을 할 수 있도록 장려하여 웰빙을 증진한다. 메리다 스케이트 공원과 같은 계획들은 결과뿐만 아니라 지역 주민들이 디자인과 건설에 참여함으로써 도시의 정체성을 형성하는 데 도움을 주었다.

셀가스는 "이것은 사람 중심의 협업이었고 우리가 매우 자랑스럽게 생각하는 협업이에요"라고 설명한다. 단지

이전 페이지: 팩토리아 호벤은 십 대들의 놀이터로 설계되었다. 형태는 중국의 용에서 영감을 받았다.

왼쪽: 청소년들은 스케이트와 자전거를 타며 팩토리아 호벤의 곡선 형태를 즐길 수 있다.

오른쪽 위: 셀가스카노는 팩토리아 호벤에 사용한 가볍고 저렴한 소재로 생동감이 넘치는 다채로운 분위기를 만들어내는 것으로 세계적으로 유명하다.

오른쪽 아래: 지역 주민들은 공동 작업을 통해 아이디어를 제공하고 팩토리아 호벤의 건축 과정에 도움을 주었다.

왼쪽: 로스앤젤레스의 세컨드 홈*Second Home* 오피스를 위에서 내려다보면 마치 거대한 노란 수련잎과 닮았다.

오른쪽 위: 굴곡진 벽을 통해 공유 작업 공간은 활기차고 영감을 주는 작업 환경을 제공한다.

오른쪽 아래: 휘어있는 아크릴 창문 벽은 푸른 정원을 더 가까워지게 하고 작업 공간에 더 많은 식물을 가져온다.

도시의 가치를 측정하고 싶다면 심겨 있는 나무의 개수를 세어보세요.
나무는 유익할 뿐만 아니라 필수적이에요.

— 호세 셀가스

사회적 이점만이 아니라면, 공원 개발은 포괄적인 공공 공간의 필요성을 상기시켜준다.

  셀가스카노가 지금까지 해온 가장 크고 성공적인 프로젝트들은 인간이 만든 환경과 관련된 인간 경험의 요소에서 영향을 받았다. 이 프로젝트는 런던, 로스앤젤레스, 리스본에 위치한 세컨드 홈 오피스들로 녹음이 우거지고 활력이 넘치는 대규모의 코워킹 공간이다. 세컨드 홈 프랜차이즈는 목적이 있는 창의적인 작업 공간이자 문화적인 장소라고 스스로 정의한다. 장소마다 다양한 모습과 형태의 방들이 펼쳐져 있으며, 광활한 식물의 풍경과 내부 정원이 군데군데 밝은색과 함께 균형을 이루고 있다. 2014년 이스트 런던 기지 이후, 셀가스카노는 "로스앤젤레스에서 가장 밀집한 도시 숲"을 만들었다. 할리우드 지점에는 노란 지붕이 있는 60개의 곡선 모양의 포드 사이에 6,500여 그루의 나무가 점재되었고 이는 마치 거대하고 노란 수련잎처럼 보인다.

"단순한 아이디어였어요"라고 셀가스는 말한다. 하지만 이는 사실과 전혀 다르다. "당신의 집과 사랑에 빠지는 게 어떤 느낌인지 알죠? 우리는 그 느낌을 작업 공간에서 느끼고 싶었어요. 그곳에서 모든 시간을 보내는데, 왜 안 되겠어요?"

  이 프로젝트는 디자인 면에서 틀림없이 낙관적이며, 작업 공간에서 커져가는 바이오필리아에 대한 우리의 열망을 대변하고, 자연과의 연결의 필요성에 대한 시연이다. 우리 주변을 초목으로 가꾸는 것 외에, 미래에 도시를 더 매력적으로 만들기 위해 우리가 할 수 있는 일은 무엇일까? 역설적이긴 하지만 예상대로 셀가스카노는 건물의 규모를 단 몇 층으로 낮춰 조밀한 중층 도시를 만들어냄으로써 우리가 과거를 돌아봐야 한다고 주장한다. "도시의 스카이라인이 높은 빌딩들로 점령당하고 있어요. 모든 것이 너무 커요"라고 셀가스는 말한다. "스케일과 크기를 줄여야 해요. 우리에게 이런 엄청난 높이는 필요 없어요." 우리 중 많은 사람들에게 최적의 삶의 기준은 주관적이고 맥락적인 것이지만, 도시는 다채롭고, 저층이며, 지속 가능하고, 자연이 넘쳐야 한다는 셀가스카노의 선언은 아마도 우리가 함께 필요로 하는 바로 그것일 것이다. •

왼쪽: 플라센시아 오디토리엄과 의회 센터의 기하학적 내부는 내부 공간과 외부 공간의 경계를 허문다.

오른쪽 위: 주변으로부터 떨어져 있는 이 투명한 건물은 천상의 바위 같은 외관을 가지고 있다.

오른쪽 아래: 로비는 유리 바닥과 밝은 색상의 벽 그리고 원형 문이 특징이다.

왼쪽 위: 엘 바텔 오디토리엄과 컨벤션 센터. 빛이 가득한 실내에는 허공에 매달려 있는 통로와 휴식을 위한 공간이 마련되어 있다.

왼쪽 아래: 길이가 0.5mi(1km)이 조금 넘는 규모감 있는 이 건물은 카르타헤나 항구에 있다.

오른쪽: 로비의 채색된 계단과 네온 불빛이 비치는 난간은 시각적으로 활기를 주는 디자인 요소이다.

도시의 스카이라인이 높은 빌딩들로 점령 당하고 있어요.
스케일과 크기를 줄여야 해요.
우리에게 이런 엄청난 높이는 필요 없어요.

― 호세 셀가스

도시 중심부의 굉장히 푸르른 고가도로
자연유산을 복원하는 기회로 인프라를 활용하는 방법.

대한민국 서울에는 1970년대에 도심을 관통하던 고가 고속도로가 이제는 0.5mi(1km)이 조금 넘는 공공 공원이 되어 사람들이 도시를 이용하는 방식을 바꿔놓았다. 건축가 MVRDV가 "대한민국 자연유산의 살아있는 사전"으로 묘사한 이 공원은 50여 과의 나무, 관목, 꽃들의 서식지로 약 228종과 아종이 있고, 총 24,000여 개의 식물이 있다. 각 종은 한글의 이름에 따라 배열되어 있다. 어떤 향기, 색깔, 꽃이 피는지에 따라 공원을 걷는 길은 계절마다 극적으로 변한다. 여러 곳과 연결된 공원은 카페, 꽃집, 길거리 시장, 도서관이 있어 모든 연령과 관심사를 가진 사람들에게 인기 있는 장소이다. 심지어 새로운 종을 키우는 온실도 있다. 도시 경관 52ft(16m) 위의 이런 대규모의 도시 변화가 도시와 주민들의 정신적, 육체적 웰빙에 긍정적인 영향을 미치는 것을 상상하는 것은 어렵지 않다.

서울로 7017 스카이가든
Seoullo 7017 Skygarden
MVRDV
대한민국, 서울
2017

왼쪽: 서울로 7017 스카이 가든은 길이가 0.5mi(1km)가 조금 넘는 고가 선형 공원이다.

오른쪽: 52ft(16m) 높이의 철골 및 콘크리트 구조물에는 24,000여 그루의 나무, 관목, 꽃이 점재해 있다.

살고 싶은 도시

왼쪽: 현재 수천 명의 사람들이 매일 자가용이 아닌 도보로 서울 도심을 횡단하고 있다.

오른쪽 위: 카페, 꽃집, 그리고 다른 작은 사업체들이 공원을 따라 있으며 쉴 곳이 많다.

오른쪽 아래: 이 프로젝트는 서울 중심부의 옛 도심 고가도로에 있다. 이것은 이제 도시 거주자들에게 자연과 편의를 제공한다.

생기 넘치는 도시 풍경 속에 예쁘게 자리 잡은

새로운 방식으로 휴식하고 소통하도록
도시 시설물이 우리를 이끄는 방법.

변형된 소셜 벤치
Modified Social Benches
예페 하인
Jeppe Hein
전 세계
2015

덴마크 태생으로 베를린에서 주로 활동하는 예술가 예페 하인은 우리 자신과 도시 환경, 그리고 우리 주변의 사람들을 예상하지 못한 새로운 관점에서 생각하게 하는 벤치 시리즈를 디자인했다. 그의 창작물은 어디에나 있는 공원 벤치를 다른 방식으로 앉고, 쉬고, 어울릴 수 있는 여러 도전적인 형태로 보여준다. 벤치 하나는 앉는 자리가 완벽한 원의 아래쪽 곡면이고, 다른 하나는 등받이와 평행하게 지그재그 모양의 자리에 앉거나 눕는다. 다른 벤치들은 롤러코스터의 일부분처럼 정교한 곡선의 형태를 가졌다. 모든 벤치는 도시의 칙칙한 분위기와 도시공원의 자연 녹지를 배경으로 눈에 띄는 대담하고 밝은 색상이다. 언뜻 보면, 하인의 벤치를 조각품으로 오인할 수 있는데 이것은 공공시설과 공공 예술 사이의 경계를 모호하게 만드는 의도적인 특징이다. 도시는 사람들이 그들만의 울타리에 있거나 이웃들과 단절된 차가운 곳처럼 종종 느껴질 수 있다. 그러나 이런 장난기 넘치는 벤치 디자인은 낯선 사람들 사이의 즉흥적인 소통을 도우면서 사람들을 새로운 사회적 구성으로 이끈다.

오른쪽: 베를린이 주무대인 예술가 예페 하인이 뉴욕시에 설치한 변형된 소셜 벤치 #05.

왼쪽: 벤치의 예상치 못한 형태는 즉흥적인 소통을 일으키기 위해 의도적으로 만들어졌다.

코펜하겐 항구 지역 속의 활발한 풍경

주차장 옥상이 활기찬 만남의 장소가 되는 방법.

모든 도시 환경의 주요 요소인 주차장에서 보내는 시간이 유익하고 멋진 장소로 만들기 위해 이 장난스러운 디자인은 부가적인 특성과 기능을 수행할 수 있는 방법을 탐구한다. 코펜하겐의 항구 지역인 노르드하운*Nordhavn*에 있는 이 주차장은 리모델링이 예정된 곳으로 야야 아키텍츠*JAJA Architects*는 "빨간 실"이라고 불리는 난간 거의 전체에 매다는 방법을 생각해냈다. 이 안내 레일은 도로 층에서 시작하여 건물 파사드에 걸려 있는 화분들 사이를 타고 올라가는 계단을 계속 따라 옥상에 있는 가장 멋진 놀이터로 이어진다. 여기서, 빨간 실이 나선형으로 둥글게 회전하며 옥상을 가로질러 그네 세트, 구름사다리, 정글짐의 뼈대를 잡은 후, 건물 반대편에 있는 두 번째 계단을 통해 다시 도로 층으로 내려간다. 격자식으로 리듬감 있게 자리한 화분들은 화초로 파사드에 생기를 불어넣는다. 디자인은 전통적이지 않지만, 지역의 역사적인 붉은 벽돌의 항구 건물을 기억해 붉은색을 띠고 있다. 파크 앤 플레이*Park 'n' Play*라고도 불리는 이 프로젝트는 가장 평범한 기반 시설도 도시에 실용적인 기발함을 더할 수 있다는 것을 보여준다.

파킹 하우스 +
콘디타게트 류더스
*Parking House +
Konditaget Lüders*

야야 아키텍츠
JAJA Architects

덴마크, 코펜하겐
Copenhagen

2016

왼쪽: 격자식으로 배열된 화분의 시스템이 건물에 녹음을 더한다.

오른쪽: 다층의 주차장은 항구에 바로 있다. 옥상은 대중들의 놀이터 역할도 한다.

226 살고 싶은 도시

왼쪽: 역동적인 체육관과 놀이기구 시리즈를 하나의 실이 이어주는 디자인이다.

오른쪽 위: 화분이 자라면서 파사드 전체를 감싸게 된다. 옥상 놀이터는 계단을 통해 이용할 수 있다.

오른쪽 아래: 건축가는 옥상 공간이 레크리에이션을 위한 조형 설치물이 되도록 의도하였다.

어수선한 거리를 공공 광장으로 다시 그리다

지저분한 교차로를 차분하고 편안한 공공장소로 바꾸는 방법.

오데나의 플라자 마요르
Ódena's Plaza Mayor

SCOB 아키텍쳐 앤 랜드스케이프
SCOB Architecture and Landscape

스페인, 오데나
Ódena

2019

문제의 현장은 도시의 주요 교회와 시청 바로 앞에 있는 어색한 교차로였다. 플라자 마요르는 "메인 스퀘어"라는 뜻이지만, 공간은 하나로서 구실을 하지 못했다. 대신, 북쪽 끝과 남쪽 끝 사이의 가파른 경사로 인해 6개의 바쁜 길이 서로 이상한 각도로 교차했다. 그 결과, 섬처럼 흩어져버린 뒤죽박죽인 도로 건널목 때문에 보행자들이 길을 찾는 데 어려움을 겪었다. SCOB 건축과 조경은 활용도가 낮은 이 공간에 새로운 공동체 생활을 불러오기 위해 교차로 전체에 균일한 돌을 깔아 교회 앞에 형식적이면서도 단순한 공공 광장을 만들었다. 경사를 보완하기 위해, 지나가는 사람들이 좌석으로도 이용할 수 있는 계단을 도입했다. 현재는 새로운 평온함이 도시의 오래된 중심지에 있다. 새로운 광장은 경계가 없고 기존의 풍경에 녹아든다. 차보다는 사람들이 광장에 모여 계단식 공간을 만남의 장소나 노는 장소로 활용한다. 도로는 여전히 도로의 기능을 하지만, 이제 차들이 아닌 보행자들에게 우선 통행권이 있다.

왼쪽: 이 프로젝트는 기존에 충분히 활용되지 않았던 공간에 활기를 불어넣어 지역 주민과 방문객 모두에게 만남의 장을 제공한다.

오른쪽: 건축 설계도면은 여러 방향으로 통하는 길이 잘 연결된 공공 공간을 묘사하고 있다.

도약하는 니제르의 지역 거래
지역 상거래를 활성화하여 마을 공동의 자부심과 포부를 높이는 방법.

지역 시장
아틀리에 마소미
Atelier Masōmī
니제르, 단다지
Dandaji
2018

대부분의 아프리카 시골 생활은 매주 있는 무역 교류를 중심으로 돌아가지만, 각 마을의 경제는 간신히 부지하는 정도이다. 아틀리에 마소미는 이를 바꿀 수 있는 디자인을 통해 지역 전체가 따라 한다면 천연자원이 부족한 불모지의 지역사회에 절실히 필요한 경제적 부양과 자부심을 줄 수 있기를 희망한다. 이 건축 회사는 단다지 마을의 상설 지역 시장에 값싼 재활용 자재로 만든 캐노피를 설치했는데, 지금은 매주가 아닌 매일 운영되고 있다. 디자인은 지역의 전통적인 시장의 유형인 어도비 기둥과 갈대 지붕에 어울리도록 압축된 토벽돌과 내구성 있고, 기발하고, 시각적으로 눈에 띄는 금속을 사용한다. 이것은 엄청 실용적이기도 하다. 재활용된 형형색색의 금속 디스크는 보통 기후가 덜 극심한 곳의 나무들이 드리울 법한 그늘을 만들고 여러 높이로 배열하여 통풍이 잘되게 한다. 가판대에 사용되는 압축 토벽돌은 기존 어도비와 유사한 냉각의 장점이 있지만, 그보다 훨씬 적은 비용이 든다. 이곳은 마을 기반시설 전면의 대대적인 업그레이드와 함께 처음 온 사람들과 지역 주민들이 모여 앉을 수 있는 조상 나무를 중심으로 조성되어 있어서 경제적이며 사회적 교류를 증가시킨다.

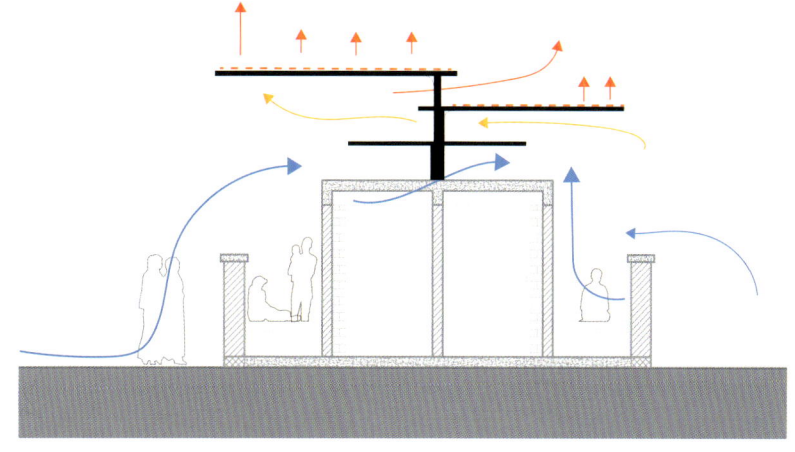

왼쪽: 재건축한 시장은 압축 토벽돌과 금속 차양이 특징이다.

오른쪽 위: 원형 지붕은 더위로부터 충분한 그늘을 제공하고 방문객들이 상인들과 교류할 수 있게 해준다.

오른쪽 아래: 엇갈리는 지붕 높이는 시장 전체에 공기 흐름을 높이고 더 낮은 온도를 유지하게 한다.

위: 조상 나무 주변에 위치한 이 프로젝트는 마을에 긍정적인 요소가 되었다.

필수적이고 활기찬 커뮤니티 공간 만들기

색깔을 입은 근린공원이 작은 동네에 새로운 공동체 의식을 불어넣는 방법.

쿨 쿨 시사이드
Cool Cool Seaside
아틀리에 렛츠
Atelier Let's
대만, 가오슝
Kaohsiung City
2017

대만 가오슝의 하마센*Hamasen* 지역의 구산 페리 부두*Gushan Ferry Pier*에서 한 블록 떨어진 쿨 쿨 시사이드 파빌리온은 지역 사회에 새로운 활력을 불어넣었다. 이 프로젝트는 시의 도시 개발국에 의해 개발되었으며, 오랫동안 방치된 근린공원과 광장에 새로운 기운을 불어넣도록 지역 디자인 회사에 의뢰했다. 디자인의 중심에는 높이 올린 세 개의 선적 컨테이너의 측면을 접어서 햇빛 가리개로 만든 구조물이 있다. 캐노피는 원래 공원 디자인의 일부였던 소나무 바닥재와 철근 콘크리트 좌석 위로 올라오고 농구 코트는 캐노피 양쪽에 있다. 아틀리에 렛츠는 길거리 예술 그룹 월리어스*Wallriors* 출신의 그라피티 아티스트 밤부 양*Bamboo Yang*과 함께 농구장을 공간의 분위기에 맞도록 화사한 색으로 칠했다. 쿨 쿨 시사이드는 한때 이질감 있던 공동체를 단합시켜 모든 연령대의 사람들이 모여 즉흥 경기를 하고 사람들을 구경하고, 포장 음식을 먹거나, 가까운 문용궁 절*Wen-Long Temple*에 가는 길에 잠시 조용히 명상에 잠기게 한다.

왼쪽: 이 프로젝트는 대만 가오슝의 지역 사회에 활기를 더했다. 파란색의 색조가 근처의 물을 떠올리게 한다.

오른쪽: 화려한 농구 코트의 쉼터 역할을 하는 파빌리온은 높이 올린 세 개의 컨테이너로 만들어졌다.

235 쿨 쿨 시사이드

해피 스트리트에 오신 걸 환영합니다
어두운 지하차도를 기분 좋아지는
총천연색이 넘치는 곳으로 바꾸는 방법.

도시에는 특히 밤일수록 건너기 전에 맘을 단단히 먹어야 하는 지하도가 많이 있는데, 런던 남부 테살리아 도로Thessaly Road 철교 아래의 어두운 통로도 예외는 아니었다. 런던 건축 축제London Festival of Architecture의 일환으로 공간을 정비하는 대회를 개최했을 때, 다원예술가 잉카 일로리는 지역 초등학교 아이들을 포함한 인근 지역사회의 의견을 바탕으로 대담하고 화려한 디자인으로 응답했다. 한때 "으스스한 환경"으로 묘사되었던 곳이 이제는 기하학 패턴이 눈에 띄는 56개의 밝은 에나멜 패널을 사용한 영구적인 설치물이 되었고, 지붕 부분은 머리 위에 무지개 효과를 내기 위해 기분 좋아지는 색이 연이어 칠해져 있다. 템즈강River Thames의 일몰을 닮은 이 대담한 무늬는 지나가는 사람들이 주변을 더 잘 살피도록 격려한다. 이 작업은 주민들을 위한 더 안전한 공간과 방문객들을 더 환영하는 공간을 만들기 위한 몇 가지 프로그램 중 하나다. 행복한 거리라고 불리는 이 변신은 널리 호평을 얻었으며, 이곳을 걸어가는 아이들의 웃는 얼굴을 보는 것은 일로리에게 "마법 같은" 일이 되었다.

해피 스트리트
Happy Street

잉카 일로리 스튜디오
Yinka Ilori Studio

영국, 런던
London

2019

왼쪽: 이 지역을 더 따뜻하게 만들고 오가는 사람들이 주위 환경을 누릴 수 있도록 하는 것이 목적이다.

오른쪽: 16가지 색상과 56개 패턴의 에나멜 패널로 이루어진 생동감 넘치는 프로젝트이다.

위트레흐트의 3층짜리 자전거 주차장

가장 좁은 도시 공간에서도 자전거 타는 사람들을 위한 자리를 만드는 방법.

세계에서 가장 큰
자전거 주차장
엑토르 호그스타드 아키텍튼
Ector Hoogstad Architecten
네덜란드, 위트레흐트
Utrecht
2017

설계자들이 위트레흐트의 역사적 도심, 특히 주요 기차역 바로 주변 지역을 정비하기 위한 계획에 착수했을 때, 네덜란드 도시에 휴먼 스케일을 더 도입할 기회라고 생각했다. 이 계획은 도시 고속도로를 적당한 거리 패턴으로 대체하고 역사적인 운하를 많이 복원했는데, 가장 필수적이었던 것은 다층 자전거 주차장의 혁신적인 설계로 엑토르 호그스타드 아키텍튼이 도시의 주요 역 아래에 만든 것이다. 경사 램프가 세 개의 층에 배치된 주차 구역을 연결하고, 계단과 터널은 메인 터미널 건물과 지상의 공공 광장, 그리고 기차 플랫폼으로 바로 연결된다. 이 구조물은 자전거 이용자들이 메인 자전거 경로에서 갈라지는 빈 주차 자리까지 페달을 밟을 수 있도록 함으로써 안전하게 길을 탐색할 수 있는 충분한 공간을 보장한다. 12,500대 이상의 자전거를 수용할 수 있는 이 시설은 더 지속 가능한 미래의 도시 기반을 다지는 세계에서 가장 큰 자전거 주차장이다.

왼쪽: 3층짜리 복합건물은 네덜란드의 위트레흐트 중앙역 아래에 있다.

오른쪽: 자전거 이용자들은 자전거를 타고 거리에서 곧바로 복합건물 안까지 들어간 후, 위층에 있는 정거장을 편하게 이용할 수 있다.

왼쪽 위: 자전거 이용자들은 자전거를 줄이어 주차하고 자가용 대신 대중교통을 이용하도록 권장된다.

왼쪽 아래: 거대한 크기에도 불구하고, 자전거 이용자들은 안으로 자전거를 타고 들어가서, 주차 자리를 찾고 5분 이내에 기차 플랫폼에 오를 수 있다.

오른쪽: 이 복합건물은 하얀 벌집 모양의 캐노피가 있는 공공 광장과 쇼핑센터 아래에 있다.

242 살고 싶은 도시

왼쪽: 통근자들은 램프를 오르내리며 자전거 보관대로 가득한 공간으로 간다. 이곳의 개념은 도시를 더 지속 가능하게 만드는 한 예이다.

오른쪽 위: 다양한 출구는 다른 플랫폼으로 연결된다. 색상으로 구분한 바닥은 다른 층을 의미한다.

오른쪽 아래: 자전거를 주차한 후에 중앙 계단을 걸어 올라가면 중앙역까지 빠르게 갈 수 있다.

지속가능한 삶을 위한 모델 재생 프로젝트

산업 황무지를 새로운 도시 생활 방식의 모델로 바꾸는 방법.

서부 항구
Western Harbor

말뫼시
City of Malmö

스웨덴, 말뫼
Malmö

진행 중

수십 년 동안 발전해 온 계획에서 말뫼의 서부 항구는 세계에서 가장 인상적이고 영향력 있는 재생 프로젝트 중 하나로 구체화하였다. 한때는 오염된 거친 산업 환경이었던 곳이 이제는 넘쳐나는 주거용 건물, 매력적인 녹지 공간, 번창하는 비즈니스와 민간 기업, 그리고 바닷가에는 외레순드Öresund 해협을 내려다보는 번화한 카페, 술집, 식당들이 즐비한 살고 싶은 동네가 되었다. 이러한 놀라운 변화의 중심에는 도시 환경 내에서 가장 지속 가능한 삶의 방식에 대한 지속적인 추구가 있다. 이 개발은 2030년까지 말뫼 도시 전체가 100% 재생 에너지로 운영되는 것을 목표로 하는 훨씬 더 크고 야심 찬 계획의 일부다. 이러한 목표와 도시의 다른 친환경적 포부를 달성하기 위해 서부 항구는 태양 에너지와 풍력 에너지를 널리 사용하고, 계절별 온수 및 냉수 저장을 통합하고, 효율적인 빗물 관리와 친환경적인 교통 시스템을 구축하고, 녹지 공간의 생물 다양성을 장려했다.

왼쪽: 이 계획은 스웨덴 말뫼의 서부 항구 물가에 바로 위치한다는 점을 활용한다.

오른쪽: 오염된 조선소였던 이곳은 이제 주거용 건물, 식당, 그리고 녹지로 가득 찬 번창하는 지역사회가 되었다.

오른쪽 아래: 말뫼에는 스케이트 링크와 같은 시설을 포함해 스포츠를 위한 많은 지역 공원이 있다.

왼쪽: 도시는 전통적이고 유서 깊은 주택들과 현대적인 고층 건물들의 대조적인 균형을 맞춘다.

오른쪽: 매우 다양한 단기 및 장기 숙박 시설이 있다. 주거용 건물은 발코니와 테라스를 우선시한다.

지속 가능하고, 살기 좋은, 저렴한 주택에 대한 비전

미래의 집에 대한 설계, 자금 조달, 건설 및 공유하는 방식을 재고하는 방법.

어반 빌리지 프로젝트
The Urban Village Project
스페이스10 + 이펙트 아키텍츠
SPACE10 + EFFEKT Architects
콘셉트
2019

어반 빌리지 프로젝트는 이 책에서 살펴본 몇 가지 원칙, 가치 및 솔루션을 결합하여 스페이스10에서 만든 개념이다. 이 프로젝트에서는 유대가 강한 커뮤니티에서 생활함으로써 얻을 수 있는 여러 가지 이점을 활용하여 더욱 바람직한 이웃을 만드는 방법에 대해 알아본다. 이는 개인 주택과 공유 공간을 합친 형태로 여러 세대가 자급자족하는 생활 공동체를 만들 것을 제안하며, 전 세계 도심에서도 따라 할 수 있도록 설계되었다. 이펙트 아키텍츠의 모듈식 설계는 주민들이 여러 크기의 아파트 중에서 선택할 수 있으며, 공유 서비스는 어린이집 서비스, 코워킹 공간, 의료, 공동 정원 또는 체육관 등 매일 필요한 모든 것들을 쉽게 이용할 수 있도록 한다. 마을 내에 사회적 교류와 자원의 공유가 활발해질수록 소속감이 높아지고, 더 행복하고 건강한 삶을 살 수 있다. 거주자는 자신의 재산에 따라 주택조합의 일부로 공간을 임대하거나 부동산을 매입할 수 있다. 어반 빌리지 프로젝트는 "물질의 순환 고리"를 가능하게 하는 것과 같은 지속 가능성의 핵심 개념을 수용한다. 집들은 크로스 라미네이트 목재(역자: 교차로 적층된 목재)로 조립식이며, 대량 생산의 건축 시스템이고, 납작하게 포장되어 배송이 용이하고, 현장에서 건설되어 전반적인 비용을 절감하는 데 도움이 된다. 또한 물 수집, 재생 에너지, 그리고 지역 식량 생산의 특징이 있다. 스페이스10은 여전히 규모에 맞는 모델을 실현하는 방법을 모색하고 있으며, 이 모델의 요소들은 호주와 한국까지 반향을 일으키며 전 세계에 있는 지역사회 중심의 도시 개발에 채택되었다.

왼쪽: 스페이스10의 어반 빌리지 프로젝트는 사람들이 시설을 공유하는 더욱 지속 가능한 공동생활을 위한 비전을 함께 제시한다.

오른쪽: 제작자들은 이 프로젝트가 어느 도시에 있든지 시장에 진입할 수 있도록 더 저렴한 집을 제공하고자 한다.

왼쪽: 유연한 구조물들은 콘크리트와 강철을 대체할 수 있는 환경친화적인 크로스 라미네이트 목재로 건설될 것으로 예상된다.

오른쪽 위: 이 개념은 개인적인 생활과 공유 공간을 결합하여 사람들이 활기찬 공동체에 속할 수 있게 한다.

오른쪽 아래: 표준화된 모듈식 건물 시스템은 조립식으로 사전 제작, 대량 생산 및 평면 포장되어 건설 비용을 절감하는 데 도움이 된다.

251　어반 빌리지 프로젝트

끝마치는 말

우리는 완고한 낙관주의와 함께 우리 인생의 가장 큰 도전에 맞서야 합니다. 상상하는 것이 첫 번째 단계입니다. 당신은 상상할 준비가 되었나요?

이곳이 당신의 도시 모습입니다. 푸릇푸릇하네요. 온 사방이요! 거리는 보행자와 어린이 친화적입니다. 옥상과 주차장에서 작물을 재배합니다. 그나저나 우리는 더 이상 차를 소유하지 않기 때문에 주차장은 필요 없습니다.

당신의 도시가 자연과 야생동물의 안식처라고 상상할 수 있나요? 모든 옥상에는 태양 전지판이 있습니다. 깨끗하고 재생 가능한 에너지는 모든 가정, 모든 진료소, 모든 학교를 연결합니다. 우리는 더 이상 화석 연료의 유독가스로 숨 막히지 않습니다. 도로도 푸르릅니다. 보행자 중심이 됩니다. 모든 대중교통은 전기를 사용하고, 믿을 수 있고, 무료입니다.

공기 냄새를 맡을 수 있나요? 깨끗하네요.

우린 더 많은 것을 할 수 있습니다. 우리의 땅을 다시 야생으로 되돌리세요. 해수면 상승으로부터 도시를 보호하세요. 우리가 상상하고 있는 것들요? 현재 존재하는 기술로 모두 가능합니다.

— 시예 바스티다 *Xiye Bastida*, 기후운동가

색인

겔 아키텍츠
Gehl Architects
덴마크, 코펜하겐 / 미국, 뉴욕주, 뉴욕시와 캘리포니아주, 샌프란시스코
노르드하운 올후스가덱바르테레트
Nordhavnen Arhusgadekvarteret
사진: 겔 아키텍츠, p. 199
뉴욕, 타임 스퀘어
사진: DOT, p. 205
상파울루, 라르고 드 사오 프란시스코 Largo de São Francisco
사진: 상파울루 건설부, pp. 206–207
샌프란시스코, 마켓 스트리트 Market Street
사진: 숀 라니 Shawn Lani, p. 202; 다이앤 벤틀리 레이먼드 Diane Bentley Raymond, p. 203
pp. 201, 202–207

구스타프슨 포터 + 보우만
Gustafson Porter + Bowman
영국, 런던
마리나 원의 그린 하트 Green Heart in Marina One
사진: HGEsch
pp. 14, 42–47

나루세 이노쿠마 건축회사
Naruse Inokuma Architects
일본, 도쿄
댄스 오브 라이트 인스톨레이션
The Dance of Light Installation
사진: 마사오 니시카와 Masao Nishikawa, pp. 116–117
리쿠 카페 The Riku Cafe
사진: 마사오 니시카와 Masao Nishikawa, pp. 118–119
팹카페 The FabCafe
사진: 켄타 하세가와 Kenta Hasegawa, p. 122; 마사오 니시카와 Masao Nishikawa, p. 123 (위); 나루세 이노쿠마 건축회사 이미지 제공, p. 123 (아래)
LT 조사이 LT Josai
사진: 마사오 니시카와 Masao Nishikawa, pp. 120–121
pp. 116–123

디싱 + 베이틀링
Dissing + Weitling
덴마크, 코펜하겐
샤먼 Xiamen **자전거 고가도로**
사진: 마 웨이웨이 Ma Weiwei
pp. 188–189

로빈 체이스
Robin Chase
미국, 매사추세츠주, 보스턴
인물 사진: 앤드류 엘리엇 Andrew Elliott, p. 110
베니암 Veniam
사진: 베니암 Veniam, pp. 111–113
집카 Zipcar
사진: 에릭 카 Eric Carr / 알라미 스톡 포토 Alamy Stock Photo, p. 114; 아나돌루 에이전시 Anadolu Agency / 게티 이미지 Getty Images, p. 115 (위); 집카 Zipcar, pp. 107, 115 (아래)
pp. 107, 110–115G

마이클 그린 아키텍쳐
Michael Green Architecture
캐나다, 밴쿠버
로날드 맥도날드 하우스
사진: 에드 화이트 Ed White, pp. 28–29 (위); 에마 피터 Ema Peter, p. 29 (아래)
북부 밴쿠버 시청
사진: 마틴 테슬러 Martin Tessler, pp. 26–27
선착장 건물
사진: 에마 피터 Ema Peter, pp. 30–31
T3
사진: 에마 피터 Ema Peter, pp. 32–33
pp. 26–33

말뫼시
City of Malmö
스웨덴, 말뫼
서부 항구
사진: 보야나 루칵 Bojana Lukac, p. 244; 알린 레스터 Aline Lessner, pp. 245 (위), 246; 베르너 니스트란드 Werner Nystrand, p. 245 (아래); 프레드릭 요한슨 Fredrik Johansson, p. 247 / imagebank.sweden.se
pp. 244–247

매스디자인 그룹
Mass Design Group
미국, 매사추세츠주, 보스턴 / 몬태나주, 보즈먼 / 뉴욕주, 포킵시 / 뉴멕시코주, 산타페 / 르완다, 키갈리
게오키오 GHESKIO **결핵 병원**
사진: 이반 바안 Iwan Baan
pp. 178–181

베타
BETA
네덜란드, 암스테르담
3 세대 주택
사진: 오스피프 반 듀이벤보데 Ossip van Duivenbode
추가 크레딧:
기후 자문: 휘베르트 스푸렌버그 Huibert Spoorenberg;
엔지니어: 휘버스 콘스트럭티어드비스 Huibers Constructieadvies;
도급업자: 리어브룩 ATB Leerbroek ATB; 우드워커 Woodworker: 시브 비써 Sibe Visser
pp. 106, 136–141

비야케 잉겔스 그룹
Bjarke Ingels Group
스페인, 바르셀로나 / 덴마크, 코펜하겐 / 영국, 런던 / 미국, 뉴욕주, 뉴욕시
도르테아베즈 Dortheavej **주택**
사진: 라스무스 이웃쇼이 Rasmus Hjortshoj, pp. 24–25
빅 유 The BIG U
렌더링: 비야케 잉겔스 그룹, pp. 20, 155
슈퍼킬른 Superkilen
사진: 이반 바안 Iwan Baan, pp. 18–19
어반 리거 Urban Rigger
사진: 데이비드 라스무센 David Rasmussen, p. 21 (아래); 로랑 드 카니에르 Laurent de Carniere, p. 21 (위)
코펜힐 CopenHill
사진: 라스무스 이웃쇼이 Rasmus Hjortshoj, pp. 22–23
pp. 18–25, 155

샤우 인도네시아
SHAU Indonesia
독일, 파사우 / 네덜란드, 로테르담 / 인도네시아, 웨스트 자바
마이크로도서관 와락 카유
Microlibrary Warak Kayu
사진: KIE 아키텍트 KIE Architect
pp. 124–127

셀가스카노
SelgasCano
스페인, 마드리드
인물 사진: 셀가스카노 이미지 제공
Image courtesy of SelgasCano, p. 208
세컨드 홈 오피스, pp. 212–213
엘 바텔 오디토리엄 Batel Auditorium **과 컨벤션 센터**, pp. 216–217
팩토리아 호벤 Factoría Joven, pp. 7, 209–211
플라센시아 오디토리엄 Plasencia Auditorium **과 의회 센터**, pp. 214–215
사진: 이반 바안 Iwan Baan
pp. 7 (아래), 208–217

스케마타 워크숍
Schemata Workshop
미국, 워싱턴주, 시애틀
  캐피톨 힐 어반 코하우징
  사진: 윌리엄 라이트William Wright,
  pp. 128, 131; 스케마타 워크숍
  Schemata Workshop,
  pp. 129, 130
  pp. 128–131

스튜디오 로세하르데
Studio Roosegaarde
네덜란드, 로테르담 / 중국, 상하이
  스모그 프리 타워
  사진: 단 로세하르데Daan
  Roosegaarde
  p. 156

스페이스 앤 매터
Space&Matter
네덜란드, 암스테르담
  스쿤스킵Schoonschip
  사진: 이사벨 나부르 포토그라피
  Isabel Nabuurs Fotografie
  pp. 9 (아래), 34 – 37

스페이스10
SPACE10
덴마크, 코펜하겐
  테스트 키친
  사진: 라스무스 이욧쇼이Rasmus
  Hjortshoj, p. 64; 니클라스 아드리안
  빈델레프Niklas Adrian Vindelev,
  p. 65 (아래); 로리 가디너Rory
  Gardiner, p. 65 (위)
  pp. 64–65

스페이스10 + 바켄 & 백 +타니타
클라인
SPACE10 + Bakken & Bæck
+ Tanita Klein
덴마크, 코펜하겐 / 네덜란드, 암스테르담
  벌집
  사진: 이리나 보어스마Irina Boersma,
  p. 150; 브렌던 오스틴Brendan
  Austin, p. 151
  pp. 150–151

스페이스10 + 이펙트 아키텍츠
SPACE10 + EFFEKT Architects
덴마크, 코펜하겐
  어반 빌리지 프로젝트The Urban
  Village Project
  렌더링: 이펙트 아키텍츠EFFEKT
  Architects
  pp. 11 (아래), 248 – 251

스페이스10 + 테오 삭스 + 안데르스
뇨트베이트
SPACE10 + Theo Sachs
+ Anders Nottveit
덴마크, 코펜하겐 / 노르웨이, 베르겐
  솔라빌SolarVille
  사진: 니콜라이 로데Nikolaj Rohde,
  p. 102; 이리나 보어스마Irina
  Boersma, pp. 71, 103
  pp. 71 (아래), 102 – 103

스페이스10 + 폼 스튜디오
SPACE10 + fᵒam Studio
덴마크, 코펜하겐 / 독일, 베를린
  바퀴 위의 공간
  렌더링: 폼 스튜디오fᵒam Studio
  pp. 194–195

시티툴박스
CityToolBox
독일, 베를린
  리예카Rijeka 워크샵
  사진: 엘레나 안드로이치Jelena
  Androic
  p. 108

시프라 나랑 수리
Shipra Narang Suri
케냐, 나이로비
  인물 사진: 시프라 나랑 수리Shipra
  Narang Suri, p. 164
  사진: 롤프_52Rolf_52 / 알라미 스톡
  포토Alamy Stock Photo, p. 165;
  www.commons.wikimedia.org/
  wiki/File:UN-Habitat_offices_
  in_Nairobi.jpg, p. 167;
  줄리어스 므웰루Julius Mwelu /
  유엔해비타트UN-Habitat,
  pp. 166, 168 – 169
  pp. 164–169

아마드 호삼 사판
Ahmed Hossam Saafan
이집트, 카이로
  다와르 엘 에즈바Dawar El Ezba
  문화센터
  사진: 아마드 호삼 사판
  추가 크레딧: 프로젝트 구축: 호삼
  아라비Hossam Araby; 리빙월
  시스템Living Wall System: 카스텐
  라이켈만과 알브레히트 폰 브레멘
  Carsten Reichelmann and Albrecht
  von Bremen
  pp.8 (가운데), 98-101

아틀리에 렛츠
Atelier Let's
대만, 가오슝
  쿨 쿨 씨사이드Cool Cool Seaside
  사진: 이이셴Yi-Hsien Lee
  pp.9 (위), 234-235

아틀리에 리타 Atelier RITA
프랑스, 파리
  이주민과 여행자를 위한 쉼터
  사진: 데이비드 보로David
  Boureau
  p. 157

아틀리에 마소미
Atelier Masōmī
니제르, 니아메
  지역 시장
  사진: 모리스 아스카니Maurice
  Ascani
  pp. 11 (위), 230 – 233

아틀리에 마소미+ 스튜디오 차하르
Atelier Masōmī + Studio Chahar
니제르, 니아메
  히크마Hikma:
  종교와 세속의 복합건물
  사진: 제임스 왕James Wang
  pp. 92–97

야스민 라리
Yasmeen Lari
파키스탄, 카라치
  무탄소 문화센터, p. 81, 83 (아래)
  여성 센터, p. 85
  파키스탄 국영 석유회사, p. 82
  파키스탄 출라Chulah,
  pp. 83(위), 84
  사진: 파키스탄 헤리티지 재단
  Heritage Foundation of Pakistan
  pp. 80–85

야야 아키텍츠
JAJA Architects
덴마크, 코펜하겐
  파킹 하우스Parking House +
  콘디타게트 류더스Konditaget
  Lüders
  사진: 라스무스 이욧쇼이Rasmus
  Hjortshoj
  pp. 201, 224–227

어반 싱크 탱크
Urban-Think Tank
노르웨이, 오슬로 / 스위스, 취리히
  그로탕Grotão 커뮤니티 센터
  사진: 어반 싱크 탱크Urban-Think
  Tank, pp. 72 – 73
  수직 체육관
  사진: 안나루이사 피게레도Analuisa
  Figueredo, p. 76;
  이반 바안Iwan Baan, p. 77
  임파워 섀크The Empower Shack
  사진: 얀 라스Jan Ras,
  pp. 74, 75 (위);
  다니엘 슈워츠Daniel Schwartz,
  p. 75 (아래)
  카라카스 메트로 케이블
  사진: 이반 바안Iwan Baan,
  pp. 68, 78 – 79
  pp. 68, 72–79

에바 스튜디오
EVA Studio
영국, 런던 / 아이티, 포르토프랭스
  타피스 루즈Tapis Rouge
  사진: 지안루카 스테파니Gianluca
  Stefani, pp. 190 – 191;
  에티엔 페르노 뒤 브리이Etienne
  Pernot du Breuil, pp. 192 – 193
  pp. 190–193

엑토르 호그스타드 아키텍튼
Ector Hoogstad Architecten
네덜란드, 로테르담
　세계에서 가장 큰 자전거 주차장
　사진: 페트라 아펠호프Petra
　Appelhof
　pp. 238–243

예페 하인
Jeppe Hein
독일, 베를린 / 덴마크, 코펜하겐
　변형된 소셜 벤치들
　사진: 로린 슈미드Laurin Schmid,
　p. 222; 제임스 유잉James Ewing/
　퍼블릭 아트 펀드, p. 223
　추가 크레딧: 쾨닉 갤러리KÖNIG
　GALERIE, 베를린 / 런던 / 도쿄;
　303 갤러리303 GALLERY, 뉴욕;
　갤러리 니콜라이 월너Galleri Nicolai
　Wallner, 코펜하겐
　pp. 222–223

우메오시
Umeå Municipality
스웨덴, 우메오
　레브Lev! 터널
　사진: 프레드릭 라르손Fredrik
　Larsson
　p. 71 (위)

이스트 예루살렘 개발 회사
이스라엘, 예루살렘
　예루살렘 구시가지
　사진: 에디 제럴드Eddie Gerald /
　알라미 스톡 포토Alamy Stock Photo,
　p. 70; 트래블 와일드Travel Wild /
　알라미 스톡 포토Alamy Stock Photo,
　p. 90; 럭키-포토그래퍼Lucky-
　Photographer / 알라미 스톡 포토
　Alamy Stock Photo, p. 91
　pp. 70, 90–91

인겐호벤 아키텍츠
Ingenhoven Architects
독일, 뒤셀도르프 / 싱가포르 / 스위스,
생모리츠 / 호주, 시드니
　프라이부르크Freiburg 시청
　사진: 인겐호벤 아키텍츠Ingenhoven
　Architects / HGEsch
　pp. 48–53

일본 재단
일본, 도쿄
　도쿄 화장실
　사진: 사토시 나가레Satoshi Nagare
　/ 일본 재단 이미지 제공
　pp. 8 (위), 176–177

잉카 일로리 스튜디오
Yinka Ilori Studio
영국, 런던
　해피 스트리트
　사진: 루크 오도노반Luke
　O'Donovan
　pp. 236–237

조 두셋 x 파트너스
Joe Doucet×Partners
영국, 런던 / 미국, 뉴욕주, 뉴욕시
　릴라이Rely 보호형 공공 좌석
　사진: 조 두셋 x 파트너스Joe Doucet
　× Partners
　pp. 174–175

조너선 테이트 건축회사
Office of Jonathan Tate (OJT)
미국, 루이지애나주, 뉴올리언스
　스타터 홈*
　사진: 윌 크로커Will Crocker
　pp. 69, 88–89

치앙마이 라이프 아키텍츠와 건설
태국, 치앙마이
　판야덴Panyaden 국제학교의
　대나무 스포츠 홀
　사진: 알베르토 코시Alberto Cosi
　p. 16

카르마
Karma
영국, 런던 / 프랑스, 파리 / 스웨덴, 스톡홀름
　카르마Karma 앱
　사진: 카르마 앱Karma App
　p. 109

컬리넌 스튜디오
Cullinan Studio
영국, 런던
　번힐Bunhill 2 에너지 센터
　사진: 폴 래프터리Paul Raftery
　pp. 40–41

케이스 디자인
Case Design
인도, 뭄바이
　아바사라Avasara 아카데미
　사진: 아리엘 휴버Ariel Huber
　pp. 10 (아래), 54–59

코베
Cobe
덴마크, 코펜하겐
　초고속 충전소
　사진: 라스무스 이욧쇼이Rasmus
　Hjortshøj
　p. 15

콴린 던 커뮤니티 보안관들
Kwanlin Dün Community
Safety Officers
캐나다, 화이트호스
　사진: 크리스탈 쉬크Crystal Schick
　pp. 158–163

투렌스케이프
Turenscape
중국, 베이징과 상하이
　쿤리 우수 공원Qunli Stormwater
　Park
　사진: 콩지안 유Kongjian Yu
　pp. 154, 182–185

트리디예 나투르
Tredje Natur
덴마크, 코펜하겐
　기후 타일
　사진: 트리디예 나투르Tredje Natur
　추가 크레딧: ACO 노르딕ACO
　Nordic, IBF, 테크놀로지스크
　인스티튜트Teknologisk Institut,
　콜리시온Kollision, 올비콘Orbicon,
　그리고 코펜하겐시Københavns
　와 레알다니아Realdania의 지원을
　받았다.
　pp. 38–39

폴러드 토머스 에드워즈
Pollard Thomas Edwards
영국, 런던
　뉴 그라운드 코하우징
　사진: 캐롤라인 테오Caroline Teo,
　p. 132; 갈리트 셀리그만Galit
　Seligmann, pp. 133, 135 (위);
　팀 크로커Tim Crocker, p. 134;
　노년기 여성의 코하우징Older
　Women's Cohousing, p. 135 (아래)
　pp. 132–135

호킨스 \ 브라운
Hawkins \ Brown
영국, 런던
　트램퍼리 온 더 갠트리The
　Trampery on the Gantry
　사진: 로리 가디너Rory Gardiner
　pp. 142–145

HLM 아키텍투르 + ERIK 아키텍테르
HLM Arkitektur + ERIK Arkitekter
노르웨이, 할덴 / 덴마크, 코펜하겐
　할덴Halden 교도소
　사진: 트론드 이삭센Trond Isaksen,
　p. 170; HLM 아키텍투르HLM
　Arkitektur, pp. 171, 172 (아래);
　ERIK 아키텍테르ERIK Arkitekter,
　p. 172 (위); 안나 와튼Anna Watne,
　p. 173
　pp. 170–173

MOS
미국, 뉴욕주, 뉴욕시
　아판Apan 주택 연구소
　사진: 하이메 나바로Jaime Navarro
　pp. 86–87

MUFI
미국, 미시간주, 디트로이트
　미시간 도시 농업 재단
　사진: 미셸과 크리스 제라드Michelle
　and Chris Gerard
　pp. 10 (위), 146–149

아이디얼 시티: 이상적인 도시를 찾아서

MVRDV
네덜란드, 로테르담 / 중국, 상하이
/ 프랑스, 파리

서울로 7017 스카이가든
사진: 오스시프 반 듀이벤보데Ossip van Duivenbode © Bild-Kunst VG (Bonn 2020)

pp. 7 (위), 198, 218 – 221

RMA 아키텍츠
RMA Architects
미국, 매사추세츠주, 보스턴 / 인도, 뭄바이

KMC 코퍼레이트 오피스
사진: 티나 나디Tina Nadi, pp. 60, 63 (위) 로버트 스티븐Robert Stephens, pp. 61, 63 (아래); 카를로스 첸Carlos Chen, pp. 8 (아래), 62

pp. 8 (아래), 60 – 63

SCOB 아키텍쳐 앤 랜드스케이프
SCOB Architecture and Landscape
스페인, 바르셀로나

오데나의 플라자 마요르Òdena's Plaza Mayor
사진: 아드리아 굴라Adrià Goula

pp. 200, 228 – 229

VTN아키텍츠
VTN Architects
베트남, 호찌민시

도시농업 사무실
사진: 히로유키 오Hiroyuki Oki

pp. 17, 186 – 187

The Ideal City
Exploring Urban Futures

Original Title: The Ideal City

Original edition conceived and edited by SPACE10 and gestalten, designed by Gestalten

Edited by Robert Klanten and Elli Stuhler

Co-edited by SPACE10

Foreword by Bjarke Ingels

Introduction by Steph Wade and SPACE10

Profile texts by Steph Wade

Essay texts by David Michon and SPACE10

Project texts by Anna Southgate

Last word by Xiye Bastida

Published by gestalten, Berlin 2021

Copyright © 2021 by Die Gestalten Verlag GmbH & Co. KG

All rights reserved. No part of this publication may be used or reproduced in any form or by any means without written permission except in the case of brief quotations embodied in critical articles or reviews.
For the Korean Edition Copyright © 2021 by Chaming City

아이디얼 시티
이상적인 도시를 찾아서

지은이: gestalten, SPACE10

옮긴이: 안세라

디자인: gestalten, 차밍시티

펴낸이: 김정은

펴낸곳: 주식회사 서울프라퍼티인사이트(차밍시티)

주소: 서울특별시 종로구 종로5길 7, Tower8 16층

전화: 02-857-4875

팩스: 02-6442-4871

초판발행: 2022.11.07

등록번호: 제2022-000115호

등록일자: 2022.08.22

홈페이지: https://www.facebook.com/making/charmingcity

전자우편: charmingcity@seoulpi.co.kr

값 32,000원
ISBN 979-11-979966-9-6 (03530)

해당 책 판매를 통한 차밍시티의 순수익 10%는 도시의 문제 해결을 위해 기부됩니다.

The Ideal City: Exploring Urban Futures
Copyright © 2021 by gestalten, SPACE10
Korean Translation Copyright © 2022 by CharmingCity
Korean edition is published by arrangement with Gestalten through Duran Kim Agency.
이 책의 한국어판 저작권은 듀란킴 에이전시를 통한 Gestalten와의 독점계약으로 차밍시티에 있습니다.
저작권법에 의하여 한국내에서 보호를 받는 저작물이므로 무단전재와 무단복제를 금합니다.

● 이상적인 도시를 찾는 아이디얼 시티의 여정을 함께한 분들 ●

강석현	김수린	박병호	옥지현	이태현
경한수	김수연	박지영	온수진	이학모
고병기	김승후	박충순	우동훈	이현성
고아라	김시온	백성순	우진석	이훈길
구경영	김열매	백시열	원대로	임정희
권영준	김용준	변지은	원성연	장재영
권인성	김이향	복혜정	유경일	장재완
권정아	김정빈	서지선	유승종	정민석
김경희	김정은	신지현	유승호	정서희
김관중	김진성	신진웅	윤동건	정숙영
김기태	김필립	신혜은	윤제호	정지연
김나연	김행단	안상욱	이성일	정현구
김남훈	김혁주	안세라	이세림	조예영
김동식	김호성	안준용	이솔	조윤혜
김미진	나혜수	안진혁	이재용	조이
김민정	남정민	엄혜윤	이주한	조지영
김선경	노우영	여은영	이준기	최봉준
김성희	문수정	오미영	이지수	최예주
김세영	문주용	오영택	이진학	최지안
김세은	민성훈	오유리	이찬이	한영식
김소희	박다영	오창훈	이태겸	황수희